COURS

DE

PILOTAGE.

Tout exemplaire qui ne porterait pas, comme ci-dessous, la signature de l'auteur, sera contrefait. Les mesures nécessaires seront prises pour atteindre, conformément à la loi, les fabricateurs et les débitans de ces exemplaires.

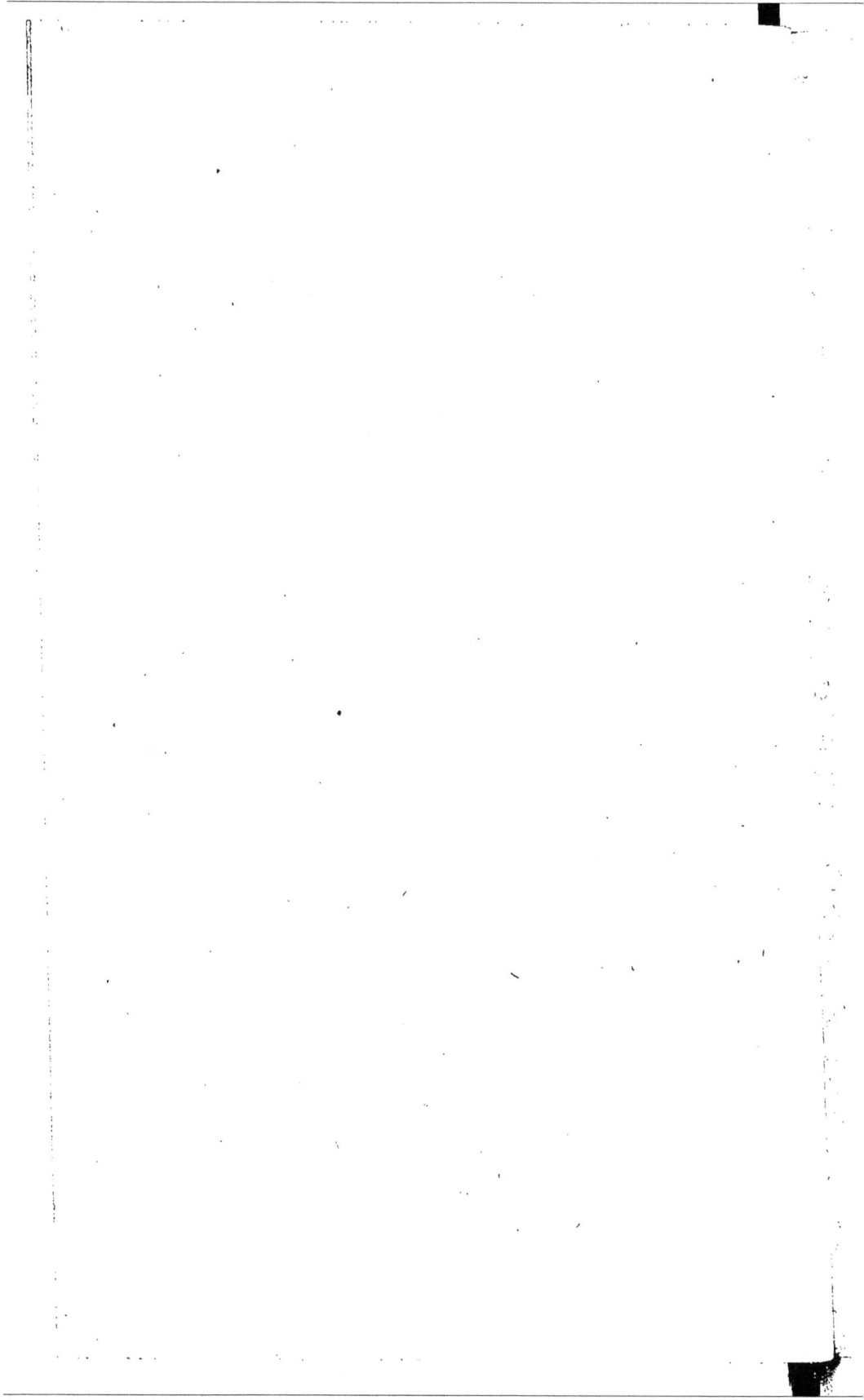

COURS
DE PILOTAGE,

DESTINÉ A L'INSTRUCTION

DES PILOTINS

OU ASPIRANS OFFICIERS DU COMMERCE,

ET A CELLE

DES MAITRES AU PETIT CABOTAGE.

PAR J^ques.-F^çois. LESCAN,

EXAMINATEUR DE LA MARINE.

TROISIÈME ÉDITION,

REVUE ET CORRIGÉE PAR L'AUTEUR.

A BORDEAUX,

DE L'IMPRIMERIE DE J.-G. SUWERINCK,

RUE MARCHANDE, N°. 6.

1826.

AVANT-PROPOS.

CE petit ouvrage est un extrait de celui qui sert de base aux leçons que l'on donne dans les écoles royales d'hydrographie. Il a été rédigé dans le même ordre, et l'on a tâché d'y conserver la même méthode.

Il sera doublement utile aux jeunes Marins : il leur donnera les connaissances nécessaires pour s'embarquer en qualité de Pilotins, et les préparera à acquérir celles qui sont exigées à l'examen des Capitaines de commerce pour le long cours.

Il contient les principales règles dont un Pilote fait usage à la mer, les notions les plus importantes de la sphère, et les élémens de l'astronomie nautique.

Les définitions des lignes, angles, triangles, etc., devaient nécessairement servir d'introduction à ce traité; nous n'avons pas négligé de leur joindre l'exposé des procédés graphiques nécessaires à l'intelligence et à l'exécution des opérations que l'on pratique, tant sur les cartes que sur le quartier de réduction.

Une grande partie de ce qui est dans ce volume fait la matière des examens des Capitaines pour le petit cabotage, c'est-à-dire pour la navigation qui *se fait le long des côtes. Cette partie est distinguée dans l'ouvrage par un caractère d'impression plus grand. Le reste peut être regardé comme un complément à leur instruction, et est exigé pour obtenir le grade de Pilotin sur les bâtimens de commerce de Bordeaux, qui font les voyages de long cours.*

AVERTISSEMENT.

Les nombres que l'on trouve seuls, entre deux parenthèses, indiquent à quel numéro du livre il faut aller chercher ce que le lecteur doit se rappeler en cet endroit.

INTRODUCTION.

DES LIGNES, ANGLES, TRIANGLES, etc.,

ET DES PROCÉDÉS GRAPHIQUES

Nécessaires à l'exécution des opérations que l'on fait sur les cartes et sur le quartier de réduction.

I. On distingue trois sortes d'étendue, savoir : la *ligne*, la *surface* ou *superficie*, et le *volume*, *corps* ou *solide*.

II. La *ligne* est l'étendue qui n'a que longueur seulement.

III. La *surface* ou *superficie* est l'étendue qui a longueur et largeur.

IV. Le *volume*, *corps* ou *solide*, est l'étendue qui a longueur, largeur et profondeur, hauteur ou épaisseur.

V. Une *ligne droite* est la trace d'un point qui est mû de manière à tendre toujours vers un seul et même point. C'est aussi la plus courte distance d'un point à un autre. AB (fig. 1) est une ligne droite.

VI. Une *ligne courbe* est la trace d'un point qui, dans son mouvement, se détourne infiniment peu à chaque pas. CDE (fig. 2) est une ligne courbe.

VII. Une *surface plane* est celle sur laquelle on peut appliquer exactement une ligne droite dans tous les sens. Telle est la surface d'une glace bien unie. Cette surface s'appelle aussi simplement *un plan*.

VIII. Une *surface courbe* est celle sur laquelle une ligne droite ne peut pas s'appliquer exactement dans tous les sens

IX. On appelle *circonférence de cercle*, une ligne courbe tracée sur une surface plane, et dont tous les points sont à égale distance d'un seul et même point pris dans cette surface. DBOFAEL (fig. 3) est une circonférence de cercle.

X. On appelle *arc* de cercle, une partie de la circonférence. BOF (fig. 3) est un arc de cercle.

XI. Un *cercle* est la surface renfermée par la circonférence.

XII. On appelle *rayon* d'un cercle, une ligne droite menée du centre à un des points de la circonférence. CE (fig. 3) est un rayon.

XIII. On appelle *centre* d'un cercle, le point de la surface du cercle qui est à égale distance de tous les points de la circonférence. Le point C (fig. 3) est le centre.

XIV. Un *diamètre* est une ligne droite qui passe par le centre du cercle, et se termine de part et d'autre à la circonférence. Les lignes DA et LF (fig. 3) sont des diamètres.

XV. On appelle *corde* ou *soutendante* d'un arc, une ligne droite menée d'un point à un autre de la circonférence, ou d'une extrémité d'un arc à l'autre extrémité. BF (fig. 3) est une corde.

XVI On conçoit chaque circonférence, grande

ou petite, partagée en 360 parties égales, que l'on appelle *degrés*. En sorte que chaque degré est la 360e. partie de la circonférence (*).

Chaque degré est composé de 60 minutes, chaque minute de 60 secondes, chaque seconde de 60 tierces, etc.

La marque du degré est celle-ci....... o
Celle de la minute..................... '
Celle de la seconde.. .... "
Celle de la tierce...................... '''
Celle de la quarte. .... ɪᴠ

Ainsi pour marquer 2 degrés 13 minutes 50 secondes 9 tierces 40 quartes, on écrit 2° 13' 50" 9''' 40ᴵᵛ.

XVII. Le pas ordinaire est de....... 2 pieds $\frac{1}{2}$.
Le pas géométrique est de... 5 pieds.
La brasse aussi de........... 5 pieds.
La toise est de.............. 6 pieds.
La lieue marine 2851 toises $\frac{1}{2}$.

XVIII. On appelle *angle*, l'ouverture de deux lignes qui se rencontrent en un point.

L'ouverture des deux lignes AB et AC (fig. 4) est un angle.

Le point A de rencontre de ces deux lignes s'appelle *sommet* de l'angle ; et les deux lignes AB et AC qui le forment, s'appellent les *côtés* de l'angle.

XIX. Lorsqu'un angle est formé par deux lignes

(*) Dans la nouvelle division de la circonférence, on la partage en 400 parties_ égales, que l'on appelle *grades*. Les grades se divisent de 100 en 100 parties égales, auxquelles on donne les noms de minutes, secondes, etc., métriques.

droites, on l'appelle angle *rectiligne*. La figure 4 offre un angle rectiligne.

XX. Quand l'angle est formé par deux lignes courbes, on l'appelle angle *curviligne*. La figure 5 est un angle curviligne.

XXI. Lorsqu'un angle est formé par une ligne droite et une ligne courbe, on l'appelle angle *mixtiligne*. La figure 6 est un angle mixtiligne.

XXII. Pour désigner un angle, il faut mettre une lettre au sommet, et le désigner par cette lettre; ou bien écrire trois lettres, dont une au sommet et les deux autres le long des côtés; mais en le désignant au moyen de ces trois lettres, il faut avoir l'attention d'énoncer celle du sommet au milieu. Ainsi, pour désigner l'angle représenté par la figure 7, il faut dire l'angle C, ou l'angle DCN, ou encore l'angle NCD.

XXIII. La mesure d'un angle rectiligne DCN (fig. 7), est le nombre de degrés et parties de degrés de l'arc DN ou OI, compris entre ses côtés lorsqu'il est décrit de son sommet comme centre.

XXIV. Pour construire un angle égal à un autre angle donné ACB (fig. 8), il faut tracer une ligne droite indéfinie DE (fig. 9): du point D comme centre, et d'une ouverture de compas arbitraire, décrire un arc indéfini EF; du point C pris pour centre, et de la même ouverture de compas, tracer l'arc AB entre les deux côtés de l'angle C (fig. 8); prendre la grandeur de la corde AB et la porter sur l'arc EF à partir du point E, ce qui donnera un point G, par lequel et par le point D traçant une ligne droite DG, on aura un angle D égal à l'angle donné C.

XXV. L'instrument qu'on appelle *rapporteur*, est un demi-cercle de cuivre ou de corne, divisé en 180 degrés ; il sert à mesurer et à construire des angles sur le papier.

XXVI. Pour mesurer, sur le papier, un angle avec le rapporteur, il faut appliquer le centre de l'instrument au sommet de l'angle que l'on veut mesurer, de manière que le diamètre soit appliqué sur un des côtés de l'angle ; l'autre côté (étant prolongé s'il est nécessaire), en passant par les divisions de l'instrument, fait connaître le nombre de degrés qui lui sert de mesure.

XXVII. Pour construire, avec le rapporteur, un angle d'un nombre déterminé de degrés, on trace une ligne droite pour servir de côté à l'angle que l'on veut former : on applique le diamètre de cet instrument sur cette ligne, de manière que son centre soit au point où l'angle doit avoir son sommet ; puis, cherchant sur les divisions de l'instrument le nombre de degrés de la mesure de l'angle, on marque en cet endroit un point par lequel, et le sommet, on trace une ligne droite qui fait, avec la première, un angle de la grandeur demandée.

XXVIII. On appelle *angle droit*, celui dont un des côtés ne penche pas plus sur l'autre côté que sur son prolongement. L'angle BAC (fig. 10) est droit : sa mesure est de 90°, ou le quart de la circonférence.

XXIX. Un *angle aigu* est celui dont un des côtés incline plus sur l'autre côté que sur le prolongement de ce même côté. Tel est l'angle BAC (fig. 11). Sa mesure est moindre que le quart de la circonférence.

XXX. Un *angle obtus* est celui dont un des côtés penche plus sur le prolongement de l'autre côté que sur l'autre côté même. L'angle BAC (fig. 12) est un angle obtus. Sa mesure est plus grande que le quart de la circonférence.

XXXI. On appelle *supplément* d'un angle, sa différence avec deux angles droits.

XXXII. Le *complément* d'un angle est sa différence avec un angle droit.

XXXIII. Une ligne est *perpendiculaire* sur une autre, lorsqu'elle n'incline pas plus sur un de ses côtés que sur l'autre. La ligne AN (fig. 13) est perpendiculaire sur la ligne DE.

XXXIV. Une ligne est *oblique* à une autre, lorsqu'elle penche plus d'un côté que de l'autre, ou lorsqu'elle forme avec cette autre ligne un angle aigu ou obtus. Les lignes BA (fig. 11 et 12) sont obliques aux lignes AC.

XXXV. Deux lignes sont dites *parallèles*, lorsqu'elles sont tracées sur un même plan, et que, prolongées à l'infini, elles ne peuvent pas se rencontrer. Ces lignes sont partout à égale distance l'une de l'autre. Les lignes AO et DN (fig. 14) sont parallèles.

XXXVI. Pour élever une perpendiculaire sur le milieu d'une ligne AB (fig. 15), il faut déterminer deux points, soit au-dessus, soit au-dessous, ou encore l'un au-dessus et l'autre au-dessous de la ligne, chacun à égale distance des deux extrémités de la ligne donnée AB, puis faire passer une droite CD par ces deux points ; cette droite sera perpendiculaire sur le milieu de la ligne AB.

Pour déterminer ces deux points, il faut, d'une des extrémités B comme centre, et d'une ouverture de compas plus grande que la moitié de la ligne AB, décrire un arc IK ; du point A comme centre et de la même ouverture, décrire un arc LM qui coupe le premier en un point C : ce point C sera à égale distance des points A et B.

On détermine de la même manière un autre point D, soit au-dessus ou au-dessous de la ligne AB ; et, par ces deux points C et D, faisant passer une droite CD, elle sera perpendiculaire sur le milieu de AB.

XXXVII. Pour élever une perpendiculaire au point E sur la ligne AB (fig. 16), il faut déterminer deux points C et D sur la ligne AB, qui soient à égale distance du point E ; puis de ces deux points comme centre et d'une même ouverture de compas, décrire deux arcs de cercle qui se coupent au-dessus ou au-dessous de la ligne en un point F, par lequel, et par le point E, il faut tracer une droite EF, qui sera perpendiculaire sur AB.

XXXVIII. Pour élever une perpendiculaire à l'extrémité B de la ligne AB (fig. 17), il faut prolonger la ligne AB indéfiniment, puis opérer comme il vient d'être expliqué.

XXXIX. Si du point E pris hors de la ligne AB (fig. 18), on voulait abaisser une perpendiculaire sur la ligne AB, il faudrait du point E pris pour centre, et d'une ouverture de compas plus grande que la plus courte distance à la ligne donnée AB, décrire un arc de cercle qui coupât la ligne AB en deux points C et D ; de ces deux points pris pour centre et d'une même ouverture de compas plus grande que la moitié de CD, décrire deux arcs qui se couperaient en un point F, par lequel et par le point E on tracerait une droite EF qui serait perpendiculaire à la ligne AB.

XL. Pour mener du point C pris hors d'une ligne AB (fig. 19) une parallèle à cette ligne, il faut, par le point C, tracer une ligne indéfinie CEF qui coupe la ligne AB en un point E ; de ce point comme centre, décrire l'arc FG d'une ouverture de compas quelconque ; du point C et de la même ouverture, décrire l'arc indéfini HI ; prendre la corde de l'arc FG, la porter sur l'arc HI à partir du point H, ce qui donnera un point I, par lequel et par le point C on trace une droite CID qui sera parallèle à AB.

XLI. On appelle *tangente* une ligne AB (fig. 20) qui ne fait que s'appliquer à une circonférence.

Pour tracer une tangente à une circonférence en un point donné F (fig. 20), il faut mener un rayon CF au point donné, et à l'extrémité de ce rayon élever une perpendiculaire AB qui sera tangente,

XLII. Une *sécante* est une ligne DE (fig. 20) qui rencontre la circonférence en deux points.

XLIII Pour diviser un angle BAC (fig. 21) en deux parties égales, il faut, du sommet A comme centre, décrire sa mesure DE, et, sur le milieu de la corde de cet arc, élever une perpendiculaire AG qui divisera l'angle en deux parties égales.

XLIV. Un *triangle rectiligne* est une figure ABC (fig. 22) formée par trois lignes droites.

On l'appelle *équilatéral*, quand ses trois côtés sont égaux ; *isocèle*, lorsque deux des côtés seulement sont égaux, et *scalène*, quand les trois côtés sont inégaux.

XLV. Un triangle *rectangle* est celui dans lequel il y a un angle droit (fig. 23), et le côté DI opposé à l'angle droit s'appelle *hypoténuse*.

XLVI. Une ligne droite est dite perpendiculaire à un plan, quand elle ne penche d'aucun côté de ce plan.

XLVII. On dit aussi qu'un plan est perpendiculaire à un autre, lorsqu'il ne penche d'aucun côté par rapport à cet autre, ou lorsqu'il passe par une droite perpendiculaire à ce dernier.

XLVIII. Deux plans sont dits *parallèles*, lorsqu'ils conservent partout la même distance, ou, ce qui revient au même, lorsque prolongés à l'infini, ils ne se rencontrent pas.

XLIX. On appelle *sphère* un solide terminé par une surface courbe, dont tous les points sont à égale distance d'un même point qu'on appelle *centre*.

L. On appelle *grand cercle* d'une sphère une section faite dans cette sphère par un plan qui passe par le centre.

LI. Un *petit cercle* d'une sphère est une section faite dans la sphère par un plan qui ne passe pas par la centre.

LII. On appelle *axe* d'un cercle un diamètre perpendiculaire au plan de ce cercle, passant par son centre.

LIII. On appelle *pôles* d'un cercle les extrémités de son axe.

Les pôles d'un cercle sont à la distance d'un quadrans de tous les points de la circonférence de ce cercle.

LIV. On appelle *quadrans* le quart d'une circonférence de cercle.

LV. Un *angle sphérique* est formé sur la surface d'une sphère par deux arcs de grand cercle qui se rencontrent en un point.

LVI. La mesure d'un angle sphérique est le nombre de degrés de l'arc de grand cercle compris entre ses côtés, quand son sommet est à l'un des pôles de cet arc.

COURS

DE PILOTAGE.

1. La partie de la navigation que l'on appelle *Pilotage*, a pour objet de déterminer toutes les circonstances de la route du vaisseau, c'est-à-dire d'assigner à chaque instant le lieu de la mer où il se trouve, et la route qu'il faut suivre pour se rendre à un lieu proposé.

2. On distingue deux sortes de navigations; savoir : le *cabotage* et la navigation *hauturière*.

3. Le cabotage consiste à aller de cap en cap, ou le long des côtes, sans perdre la terre de vue.

4. Les connaissances nécessaires pour faire la navigation du cabotage sont celles des côtes, des rades, des havres, des rivières, des écueils, des sondes, des courans, des marées, etc.; c'est-à-dire que cette navigation porte principalement sur des connaissances pratiques.

5. La navigation hauturière est celle qui se fait en pleine mer, hors de la vue des côtes.

2

6. On appelle cette navigation *hauturière*, parce qu'on y fait souvent usage des hauteurs des astres pour se guider.

De la Figure de la Terre; Des principaux Cercles et Points que l'on imagine pour fixer la position de ses parties; De son Mouvement de rotation, et des Apparences qui résultent de ce Mouvement.

7. La terre est un globe ou corps sphérique, ou du moins à très-peu près sphérique, parce qu'elle est un peu aplatie en deux points opposés, que l'on appelle *pôles*.

8. Ce qui prouve que la surface de la terre est courbe dans tous les sens, c'est qu'un observateur, à la mer, quelque tems après avoir perdu la terre de vue, ou un objet situé sur la côte, le revoit néanmoins en montant à la hune, ou en se plaçant en d'autres points plus élevés; parce que, dans la première position, les rayons visuels sont interceptés par la convexité de la mer; ce qui n'a pas lieu quand l'observateur s'élève à une certaine hauteur. Il en serait de même pour un observateur qui étant à terre s'élèverait dans une vaste plaine.

Plusieurs autres observations ont fait connaître que non-seulement la surface de la terre est courbe, mais qu'elle est à peu près sphérique et aplatie aux pôles.

9. La terre a pris une forme ronde, parce que tous les corps qui la composent et l'environnent

tendent à se précipiter vers le centre, en vertu de leur pesanteur.

10. Les points qui sont diamétralement opposés sur la surface de la terre, sont donc poussés ou attirés vers le centre, suivant des directions opposées; ces points s'appellent *antipodes*.

11. Si l'on conçoit, par le point où se trouve un observateur, un plan tangent à la surface de la terre et prolongé jusqu'au ciel, il y formera une section circulaire que l'on appelle *horizon sensible*, du lieu où il est situé.

Il est encore un autre horizon que l'on appelle *rationnel*.

12. L'horizon sensible est donc un cercle dont le plan touche la surface de la terre au lieu où l'on est; il sépare la partie visible du ciel, de la partie invisible.

13. L'horizon rationnel est un grand cercle parallèle à l'horizon sensible.

14. Si perpendiculairement à l'horizon on conçoit une ligne droite prolongée de part et d'autre jusqu'à la rencontre de la sphère céleste, les points de rencontre, qui sont les pôles de l'horizon, s'appellent *zénith* et *nadir*.

Le *zénith* est le point qui répond verticalement au-dessus de l'observateur; le *nadir* est le point diamétralement opposé au zénith; en sorte que le zénith d'un lieu est le nadir de son antipode.

Il est évident que, dès qu'un observateur se meut, il change de zénith et de nadir, d'horizon et d'antipode; il cesse de voir certaines parties du ciel, et en découvre de nouvelles.

15. La terre n'est point immobile; elle a un mouvement de rotation sur un de ses diamètres que l'on appelle *axe;* en sorte que l'axe de la terre est le diamètre autour duquel elle fait son mouvement de rotation ou mouvement *diurne.*

16. Les deux extrémités de l'axe de la terre, s'appellent les *pôles de la terre.*

17. Le grand cercle tracé sur la surface de la terre, à égale distance des deux pôles, s'appelle *équateur,* ou *ligne équinoxiale,* ou simplement *ligne.*

18. L'équateur étant un grand cercle, divise la terre en deux parties égales, qui s'appellent *hémisphères.*

19. L'hémisphère dans lequel est comprise l'Europe, s'appelle hémisphère *nord, septentrional, boréal* ou *arctique.*

L'autre s'appelle hémisphère *sud, méridional, austral* ou *antarctique.*

Les pôles prennent aussi les mêmes dénominations que les hémisphères dans lesquels ils sont placés.

20. Tous les petits cercles que l'on conçoit tracés sur la surface de la terre parallèlement à l'équateur, s'appellent simplement *parallèles.*

21. Si l'on conçoit le plan de l'équateur terrestre prolongé

de toute part jusqu'à la rencontre de la voûte céleste, il y formera une section circulaire que l'on appelle *équateur céleste ;*
il est situé dans la sphère céleste de la même manière que l'équateur terrestre est placé sur notre globe.

Les points du ciel qui servent de pôles à l'équateur céleste,
s'appellent *pôles du monde.*

22. Nous avons dit (15) que la terre tourne sur son axe ; elle
fait cette révolution en 24 heures à peu près, d'Occident en
Orient, ou du couchant au levant.

23. Les différens points de la surface de la terre décrivent,
dans ce mouvement, des cercles parallèles à l'équateur.

24. Il est évident que les seuls points de la terre qui restent,
ou qui paraissent rester immobiles, sont les pôles.

25. Les points qui approchent le plus de l'équateur décrivent les plus grands cercles : ceux qui sont situés sur l'équateur
même, décrivent ce cercle.

26. La terre tournant d'Occident en Orient, ou de l'Ouest à
l'Est, un observateur situé en quelque lieu que ce soit sur la surface de la terre, aperçoit les astres tourner en sens contraire,
c'est-à-dire de l'Est à l'Ouest.

27. Chaque astre semble donc aussi décrire dans le ciel, en
vertu du mouvement de rotation de la terre, un cercle parallèle
à l'équateur ; il paraît le décrire de l'Est à l'Ouest.

28. Les astres qui sont aux pôles mêmes, sont les seuls qui
paraissent immobiles.

29. Plus les astres sont près de l'équateur, plus les cercles
qu'ils semblent décrire sont grands ; et plus ils sont près des
pôles, plus les cercles qu'ils décrivent sont petits : ceux qui sont
à 90° des pôles, décrivent, ou plutôt semblent décrire l'équateur.

30. Il résulte donc, du mouvement de rotation de la terre,
les mêmes effets que si les astres avaient un mouvement qui
se fît dans des cercles parallèles à l'équateur, de l'Est à l'Ouest,
c'est-à-dire en sens contraire du mouvement de la terre.

Pour nous conformer à l'usage, nous pourrons donc nous expri-
mer comme si le soleil et les autres astres tournaient réellement
autour de la terre de l'Est à l'Ouest, ou d'Orient en Occident.

31. Les astres qui décrivent l'équateur deviennent visibles

pour nous quand ils arrivent au point où l'horizon coupe l'équateur du côté du levant, et cessent de l'être quand ils arrivent au
point opposé où l'équateur coupe l'horizon : ces deux points
sont ceux que l'on appelle *Est* et *Ouest*, ou points du *vrai
levant* et du *vrai couchant*.

32. L'horizon et l'équateur étant deux grands cercles de la sphère
céleste, se coupent en deux parties égales, en sorte que tous les
astres qui décrivent l'équateur, sont autant de tems au-dessus
qu'au-dessous de l'horizon d'un observateur quelconque, dans le
cas même où son horizon fait avec l'équateur un angle oblique.

Il n'en est pas de même pour des astres qui décrivent des parallèles ; car lorsque l'horizon coupe l'équateur obliquement, il
divise tous les parallèles en deux parties inégales : le tems que
ces astres mettent à parcourir la partie supérieure de leurs parallèles n'est donc pas le même que celui qu'ils emploient à parcourir la partie inférieure.

33. Mais si un observateur était placé sur l'équateur terrestre,
ou la ligne équinoxiale, l'équateur céleste passerait par son zénith, et serait par conséquent perpendiculaire à son horizon.
L'horizon partagerait donc l'équateur et tous les parallèles en
deux parties égales; l'observateur pourrait apercevoir tous les
astres du firmament en 24 heures, s'élevant perpendiculairement
à son horizon, et demeurant autant au-dessus qu'au-dessous de
ce cercle.

34. Si l'observateur était situé à l'un des pôles de la terre,
il aurait pour zénith et nadir les deux pôles du monde ; son
horizon se confondrait avec l'équateur; il verrait les astres se
mouvoir parallèlement à l'horizon.

Cet observateur n'apercevrait que les astres qui sont dans
l'hémisphère où il est placé, et ces astres seraient toujours au-
dessus de son horizon.

35. Quand un observateur est placé entre l'équateur et les
pôles, son horizon forme avec l'équateur céleste et tous les
parallèles, des angles obliques ; il aperçoit les astres se mouvoir
obliquement à son horizon, et le tems que chacun est visible
se trouve d'autant plus grand, que le parallèle qu'il décrit est
plus proche du pôle élevé; ceux de ces astres qui ont leurs

parallèles au-dessus de l'horizon, sont toujours visibles pour l'observateur, et au contraire ceux qui ont leurs parallèles entiè-rement au-dessous, sont toujours invisibles.

36. Tous les grands cercles représentés sur la surface de la terre, perpendiculaires à l'équateur, s'appellent des *méridiens*.

Celui de ces grands cercles qui passe par le lieu où est l'observateur, est le méridien du lieu.

Remarquons cependant que l'on ne donne le nom de méridien d'un lieu qu'à la moitié seulement du méridien qui se termine aux deux pôles, et sur la-quelle ce lieu est placé. Ainsi on appelle *méridien de Paris*, la moitié du grand cercle perpendiculaire à l'équateur, compté d'un pôle à l'autre, et sur la-quelle moitié la ville de Paris est située. Il en est de même des méridiens de tous les autres lieux.

Cette distinction est nécessaire pour fixer le point d'où l'on doit commencer à compter les longitudes des lieux.

La section de ce plan avec le ciel est le méridien céleste. Il est évident que ce cercle passe par le zénith et le nadir ; il est donc perpendiculaire à l'horizon.

Le méridien d'un lieu est donc à la fois perpen-diculaire à l'horizon de ce lieu et à l'équateur.

37. On l'appelle *méridien*, parce qu'il partage en deux par-ties égales la durée de la présence d'un astre sur l'horizon.

38. L'instant où le soleil passe au méridien, est ce que l'on appelle *midi*, ou le milieu du jour.

39. La longueur du *jour* est déterminée par le tems qui s'écoule entre le passage du soleil au méridien et son retour au même cercle.

40. L'intersection du plan du méridien avec le plan de l'horizon, est ce qu'on appelle *ligne méridienne*.

41. Les points où le méridien et l'horizon se coupent, sont les points *Nord* et *Sud*.

42. Puisque le passage du soleil au méridien détermine l'instant du midi (38), il est évident que tous les lieux qui sont situés sur le même méridien doivent compter midi au même instant.

Le *jour astronomique* commence à l'instant où le soleil passe au méridien, c'est-à-dire à midi, et finit au midi suivant. On le divise en 24 parties égales, qu'on appelle *heures*.

Le *jour civil* commence à minuit, 12 heures plus tôt que le jour astronomique, et les 24 heures se partagent en deux douzaines, dont l'une se compte depuis minuit jusqu'à midi, et l'autre depuis midi jusqu'à minuit; les heures de la première douzaine s'appellent *heures du matin*, et celles de la seconde, *heures du soir*.

Il résulte de ce qu'on vient de dire que, pour convertir un tems compté civilement en tems astronomique, il faut, si l'heure proposée est du soir, ne rien changer ni à la date ni à l'heure même; mais si l'heure proposée est du matin, il faut diminuer la date d'une unité et ajouter 12 à l'heure proposée.

Le 7, à 9 heures du matin, répond, en tems astronomique, au 6 à 21 heures.

Le 15 à 5 heures du soir, répond aussi au 15 à 5 heures comptées astronomiquement.

Pour convertir un tems astronomique en tems civil, il faut, si l'heure proposée passe 12, en retrancher 12 heures, puis ajouter une unité à la date, et compter les heures restantes pour heures du matin.

Si l'heure proposée ne passe pas 12, il n'y a rien à changer, ni à la date, ni à l'heure, qui doit être comptée pour heure du soir.

Le 15, à 23 heures, répond, en tems civil, au 16 à 11 heures du matin.

Le 13, à 5 heures, tems astronomique, répond au 13 à 5 heures du soir.

43. Puisque, dans l'espace de 24 heures, le soleil fait une révolution entière dans un parallèle, il parcourt 15 degrés par heure; il répond donc d'heure en heure à des méridiens qui font entr'eux des angles de 15 degrés; donc réciproquement, si deux observateurs sont situés de manière que leurs méridiens se coupent sous un angle de 15, de 30, ou de 45 degrés, etc., l'un ne comptera midi qu'une, deux ou trois, etc., heures après l'autre. Il en sera de même pour les autres heures du jour.

Celui des deux observateurs qui sera le plus à l'Est comptera midi le premier, ainsi que les autres heures du jour, puisque le soleil se meut de l'Est à l'Ouest.

44. On appelle *premier méridien*, un méridien pris arbitrairement, qui passe par un lieu connu, à partir duquel on est convenu de compter ce qu'on appelle la *longitude*.

Les Français prennent pour premier méridien celui qui passe par Paris, ou plutôt la moitié du méridien sur laquelle Paris est situé. Ceux qui sont sous l'autre moitié du méridien comptent 180 degrés de longitude. Les autres peuples ont aussi leur premier méridien; les uns prennent le méridien de Londres, d'autres celui de l'île de Fer, etc.

45. On appelle *longitude d'un lieu*, l'arc de l'équateur compris entre le premier méridien et le méridien de ce lieu. Cet arc est le même, ou plutôt d'un même nombre de degrés que l'arc du parallèle de ce lieu, compris entre ce lieu même et le premier méridien.

La longitude d'un lieu peut encore être mesurée par le plus petit angle formé au pôle par le premier méridien et le méridien de ce lieu, puisque cet angle aurait pour mesure la partie de l'équateur qui représente cette longitude.

46. La longitude d'un lieu se compte des deux côtés du premier méridien, et prend deux dénominations différentes. Ceux qui sont à l'Est du premier méridien, donnent à leur longitude la dénomination *orientale*, et ceux qui sont à l'Ouest l'appellent *occidentale;* elle se compte depuis zéro jusqu'à 180°.

47. Il est évident que tous ceux qui sont situés sur une même moitié de méridien, comptent la même longitude, et que par conséquent en parcourant un même méridien on ne change pas de longitude, à moins de passer par l'un des pôles. Dans ce cas, la nouvelle longitude serait le supplément de la première, et aurait une dénomination différente.

48. Les autres nations n'ayant pas adopté notre premier méridien, il est souvent nécessaire de réduire une longitude comptée d'un méridien connu quelconque, en longitude comptée du méridien de Paris. Cette réduction n'offre rien que de très-simple. Voici la règle :

Si la longitude proposée comptée d'un certain méridien, et celle de ce méridien par rapport à celui de Paris, ont une même dénomination, il faut en faire une somme ; dans le cas contraire on doit en prendre la différence. Le résultat sera la longitude cherchée qui, dans les deux cas, aura même dénomination que la plus grande de ces deux quantités.

Exemple Ier.

La longitude d'un lieu étant de 56° 28′ 30″ occidentale, méridien de Greenwich, on demande sa longitude comptée du méridien de Paris, sachant que celle de Greenwich, par rapport à notre premier méridien, est de 2° 20′ 15″ occidentale.

Les deux longitudes étant de même dénomination il faut, conformément à la règle, en faire une somme, ce qui donnera 58° 48′ 45″ pour la longitude cherchée qui sera occidentale.

Exemple IIe.

Un navire est par 3° 57′ 10″ de longitude orientale, méridien de Ténériffe, on voudrait connaître sa longitude par rapport à notre premier méridien, sachant que Ténériffe est par 19° 0′ 0″ de longitude occidentale, méridien de Paris.

Les deux longitudes étant de différentes dénominations, on en prendra la différence, ce qui donnera 15° 2′ 50″ pour la longitude cherchée, qui sera occidentale, c'est-à-dire de même dénomination que la plus forte des longitudes combinées.

Exemple IIIe.

La longitude d'un lieu étant de 59° 32′ 40″ orientale, méridien de l'île de Fer, on demande sa longitude comptée du méridien de Paris, sachant que la longitude de l'île de Fer, par rapport à notre premier méridien, est de 20° 30′ occidentale.

Les deux longitudes étant encore de différentes dénominations, il faudra en prendre la différence, et l'on trouvera, pour la longitude cherchée, qui sera orientale, 39° 2′ 40″.

49. Nous avons vu que ceux qui sont situés sur le même méridien comptent les mêmes heures aux mêmes instans; ceux qui ont une même longitude comptent donc les mêmes heures. Donc, par la différence d'heures que l'on compte au même instant en deux lieux différens, on peut déterminer leur différence en longitude, en convertissant cette différence de tems en degrés et minutes, à raison de 15 degrés par heure.

Réciproquement, lorsqu'on connaît la différence en longitude de deux lieux quelconques, on peut déterminer la différence d'heures que l'on y compte dans le même instant, en réduisant ces degrés en temps, à raison de 15 degrés par heure.

Il est donc indifférent de mesurer la longitude en tems ou en degrés.

5o. La règle pour convertir en degrés et minutes une différence en longitude donnée en tems, consiste à réduire les heures tout en minutes, puis compter les minutes, les secondes, les tierces, etc., pour des degrés, minutes et secondes de degrés, prendre le quart du tout, ce sera le nombre de degrés et parties de degré demandé.

Car, puisque 15 degrés répondent à une heure, un degré répond à 4 minutes d'heure, et une minute de degrés répond à 4 secondes de tems, etc.

Exemple Ier.

La différence des méridiens de deux lieux, comptée en temps, est de 2^h 23^m 12^s; on demande quelle est la différence des longitudes en degrés, minutes, secondes, etc.

Réponse. — La différence des longitudes de ces deux lieux est de 35° 48'.

Exemple IIe.

Lorsque l'on comptait 5 heures du soir à Paris, il n'était que 4^h 48^m 23^s à Bordeaux; on demande quelle est la longitude de Bordeaux en degrés et minutes?

Réponse. — Elle est de 2° 54' 15" occidentale.

Exemple IIIe.

Un phénomène arrivé à Paris à 7^h 14^m du matin, a été aperçu au même instant à Riga, et l'on comptait en ce dernier endroit 8^h 41^m 19^s du matin; on demande quelle est la longitude de Riga, en degrés, minutes, etc.

Réponse. — Elle est de 21° 49' 45" orientale.

51. Il résulte de ce qui a été dit (5o) que, pour convertir en tems une différence en longitude donnée en degrés, minutes, secondes, etc., il faut quadrupler le tout, et compter successivement les parties de ce produit pour des minutes, secondes, tierces, etc., d'heures.

Au moyen de cette règle, il est facile de réduire l'heure que l'on compte dans un lieu à celle que l'on compte au même instant à Paris. Il suffit pour cela de convertir la longitude en tems,

(13)

et d'ajouter le résultat à l'heure proposée, si le méridien du lieu est à l'Ouest de Paris, et au contraire le retrancher de l'heure proposée, si ce méridien est à l'Est de celui de Paris.

Exemple Ier.

On demande l'heure que l'on compte à Paris lorsqu'il est midi, le 9 mars, dans un lieu situé par 65° 12' de longitude ouest.

Longitude......................... 65° 12'
                                          4
Longitude en tems........ 4^h 20^m 48^s
Heure du lieu, le 9....... 0^h 0^m 0^s

Heure de Paris, le 9...... 4^h 20^m 48^s

Exemple IIe.

On demande l'heure qu'il est à Paris lorsque l'on compte 10^h 52^m 20^s du matin, le 24 mai, dans un lieu situé par 33° 52' de longitude occidentale.

Longitude......................... 33° 52'
                                          4
Longitude en tems......... 2^h 15^m 28^s
Heure du lieu, le 23....... 22^h 52^m 20^s

Heure de Paris, le 24.... 1^h 7^m 48^s

Exemple IIIe.

Il était midi le 13 juin dans un lieu situé par 124° 47' de longitude orientale, on demande l'heure correspondante à Paris.

Longitude......................... 124° 47'
                                          4
Longitude en tems......... 8^h 19^m 8^s
Heure du lieu, le 13....... 0^h 0^m 0^s

Heure de Paris, le 12...... 15^h 40^m 52^s
      ou le 13.................... 3^h 40^m 52^s du matin.

Exemple IV.

Un phénomène a été observé le 27 avril, à 2^h 44' 48'' du soir, dans un lieu situé par 48° 28' de longitude orientale ; on demande l'heure qu'il était alors à Paris.

Longitude........................ .... 48° 28'

4

Longitude en tems........... 3h 13m 52s
Heure du lieu, le 27....... 2h 44m 48s

Heure de Paris, le 26.... 23h 30m 56s
ou le 27................... 11h 30m 56s du matin.

52. La longitude d'un lieu est un des élémens qui servent à déterminer sa position sur la surface de la terre, puisque par elle on connaît le méridien sur lequel ce lieu est placé ; mais la longitude seule ne donne pas la position de ce lieu, parce que plusieurs points peuvent être situés différemment sur le globe et avoir une même longitude ; il faut encore connaître ce que l'on appelle sa *latitude*.

53. La *latitude* d'un lieu est l'arc du méridien de ce lieu, compris entre ce lieu même et l'équateur.

54. La latitude se compte des deux côtés de l'équateur, et prend la dénomination de l'hémisphère où ce lieu est placé ; c'est-à-dire que tous les lieux situés dans l'hémisphère nord ont une latitude nord ou septentrionale, et que tous les lieux situés dans l'autre hémisphère ont une latitude sud ou méridionale.

55. Tous les points d'un parallèle qui passe par un lieu quelconque, sont à égale distance de l'équateur ; par conséquent tous les lieux situés sur ce parallèle ont une même latitude.

56. Si un observateur parcourait un parallèle sur la surface du globe, c'est-à-dire une ligne est et ouest, il ne changerait pas de latitude.

57. Si, par le centre de la terre et le point de la surface où se trouve placé l'observateur, on imaginait une ligne droite, cette ligne prolongée passerait par son zénith. Si, par le même centre et le point où l'équateur et le méridien céleste se coupent, on imaginait aussi une autre ligne droite, elle formerait avec la première un angle qui aurait également pour mesure, ou l'arc du méridien terrestre compris entre ses côtés, ou l'arc du méridien céleste compris entre les mêmes côtés ; or, le premier de ces arcs représente la latitude du lieu où est l'observateur, le second peut donc aussi représenter cette latitude ; c'est-à-dire que la latitude d'un lieu est toujours d'un même nombre de degrés que l'arc du méridien céleste compris entre l'équateur et le zénith.

58. La distance du zénith à l'équateur a pour complément la distance du zénith au pôle, puisque l'équateur est à 90 degrés des pôles ; l'élévation du pôle au-dessus de l'horizon a aussi pour complément la distance du zénith au pôle, puisque le zénith est à 90 degrés de l'horizon ; d'où il résulte que l'élévation du pôle au-dessus de l'horizon est égale à la distance du zénith à l'équateur ou à la latitude du lieu.

59. Si un astre décrivait un parallèle qui fût entièrement au-dessus de l'horizon, un observateur pourrait, par le moyen de cet astre, déterminer la latitude. Pour y parvenir, il faudrait qu'il observât ses hauteurs au moment où il passe au méridien au point le plus haut de son parallèle, et quand il passe encore au méridien au point le plus bas de son parallèle : la moitié de la somme de ces deux hauteurs donne évidemment celle du pôle au-dessus de l'horizon, et par conséquent la latitude (58).

60. Pour construire un globe terrestre, il faut marquer sur une sphère ou globe deux points diamétralement opposés pour représenter les deux pôles ; à égale distance de ces deux points décrire un grand cercle pour représenter l'équateur, que l'on divise en degrés et parties de degrés ; par chacun de ces points

de division, et par les pôles, on fait passer des grands cercles qui représentent des méridiens ; on prend un de ces cercles pour représenter le premier méridien , on le divise en degrés et parties de degrés ; par les points de division on trace des cercles parallèles à l'équateur, et l'on place chaque lieu suivant sa latitude et sa longitude. Tous ces lieux seront placés sur la surface du globe d'une manière semblable à celle selon laquelle ils sont disposés sur la surface de la terre.

Construction des Cartes plates.

61. Pour construire une carte plate, dont on connaît les latitudes et longitudes extrêmes, il faut tracer une ligne droite pour représenter un des méridiens extrêmes, laquelle doit être divisée en autant de parties égales que la carte doit contenir de degrés dans l'étendue en latitude ; à l'une de ses extrémités on élève une perpendiculaire pour représenter un des parallèles extrêmes; puis on détermine la grandeur que l'on doit donner à chaque degré de longitude : pour y parvenir il faut tracer deux lignes qui fassent entr'elles un angle égal à la latitude moyenne de la carte. On décrit entre les côtés de cet angle un arc de cercle , avec une ouverture de compas égale à la grandeur que l'on aura donnée au degré de latitude, et , abaissant d'une extrémité de cet arc une perpendiculaire sur la ligne qui passe par l'autre extrémité , la partie comprise entre le pied de la perpendiculaire et le centre sera la grandeur que l'on doit donner au degré de longitude ; on portera cette grandeur sur le parallèle extrême autant de fois que la carte doit avoir de degrés en longitude.

A différens points de division de ce parallèle extrême, on élève des perpendiculaires qui représentent autant de méridiens; et à différens points de division du méridien , on élève des perpendiculaires qui représentent les parallèles intermédiaires; puis l'on place chaque lieu suivant sa latitude et sa longitude , et l'on y trace une ou plusieurs roses des vents pour faciliter les opérations que l'on exécute sur cette carte.

62. Cette construction n'est pas bien rigoureuse, parce qu'elle suppose tous les parallèles de même grandeur que le parallèle

moyen , et que d'ailleurs l'on y représente des portions de méridiens, c'est-à-dire des arcs de cercles , par des lignes droites ;
mais l'erreur est d'autant moindre que l'étendue en latitude de
la carte est plus petite.

63. On ne doit donc faire usage de la construction adoptée
pour les cartes plates, que lorsque cette carte ne doit avoir
qu'une très-petite étendue en latitude , parce que dans ce cas
seulement les parallèles extrêmes n'ont qu'une très-petite différence avec le parallèle moyen , et l'erreur devient presque
insensible.

64. Le but qu'on se propose en faisant tous les parallèles de
même grandeur que le parallèle moyen de la carte , est de pouvoir représenter les méridiens par des lignes parallèles , et les
rumbs de vents par des lignes droites, ce qui rend les opérations
que l'on doit pratiquer sur cette carte très-faciles à exécuter.

65. Les caractères auxquels on doit reconnaître si
une carte déjà construite est ce que l'on appelle carte
plate , sont : 1°. que les méridiens doivent y être
représentés par des lignes droites parallèles entr'elles ;
2°. les parallèles à l'équateur par des lignes aussi
parallèles entr'elles, et perpendiculaires aux méridiens ; 3°. les degrés de latitude y sont égaux entr'eux ; 4°. les degrés de longitude aussi égaux entre-
eux, mais plus petit que ceux de latitude ; 5°. le rapport entre les degrés de latitude et ceux de longitude est le même que celui des degrés de grands
cercles d'une sphère à ceux du parallèle moyen de la
carte sur cette même sphère.

Construction des Cartes réduites.

66. Pour construire une carte réduite dont on connaît les latitudes et longitudes extrêmes , il faut tracer une ligne droite pour

représenter un des parallèles extrêmes de la carte ; on porte sur cette ligne autant de parties égales que la carte doit contenir de degrés dans l'étendue en longitude ; à l'une des extrémités on élève une perpendiculaire pour représenter un des méridiens extrêmes ; c'est sur cette perpendiculaire qu'il faut marquer les degrés de latitude ; mais ces degrés ne doivent pas être égaux , et on doit déterminer la grandeur particulière de chacun. Voici le procédé qu'il faudra suivre : Supposons que la carte dût s'étendre depuis 5o degrés de latitude jusqu'à 62 degrés , et qu'il fallût trouver la grandeur du premier degré, c'est-à-dire de celui qui commence à 5o degrés et finit à 51 , on chercherait dans la table des latitudes croissantes , que l'on trouve à la fin du volume , le nombre des parties méridionales qui correspondent à 5o et à 51 degrés ; prenant la différence entre ces deux quantités , on aura le nombre de minutes qu'il faudra prendre sur le parallèle pour représenter le premier degré sur le méridien.

Pour trouver la grandeur du degré suivant, c'est-à-dire de celui qui doit s'étendre depuis 51 jusqu'à 52 degrés , il faut prendre la différence entre les parties méridionales qui répondent à 51 et à 52 degrés ; cette différence indiquera le nombre qu'il faut prendre de minutes sur l'échelle de longitude pour représenter le second degré du méridien. On détermine de la même manière la grandeur de chacun des autres degrés du méridien, et les ayant portés sur un des méridiens extrêmes , on trace sur la carte un certain nombre de méridiens et de parallèles intermédiaires , et une ou plusieurs roses des vents ; puis l'on place chaque lieu suivant sa longitude et sa latitude.

Les parallèles intermédiaires se représentent par des lignes droites parallèles entr'elles et à l'un des parallèles extrêmes. Les méridiens intermédiaires doivent y être représentés par des lignes parallèles à l'un des méridiens extrêmes.

67. Dans la carte réduite, comme dans la carte plate , les méridiens sont donc représentés par des lignes parallèles entre elles , les parallèles par des lignes perpendiculaires aux méridiens; les degrés de longitude sont égaux entr'eux , comme dans la carte plate ; mais les degrés de latitude sont inégaux , ils

augmentent sur cette carte à mesure que la latitude augmente.

69. On peut, à l'inspection seule, distinguer une carte plate d'avec une carte réduite, puisque dans la première les degrés de latitude sont égaux, et que dans la seconde ils croissent à mesure que la latitude augmente.

Les opérations sont tout aussi faciles à exécuter sur la carte réduite que sur la carte plate, puisque dans l'une comme dans l'autre les méridiens sont représentés par des lignes droites parallèles entr'elles ; les résultats y sont plus exacts, car la construction de la carte réduite est plus rigoureuse, parce que le rapport entre les parties du méridien et celles des parallèles est le même que sur la surface de la terre.

De la Grandeur d'un Degré de Grand Cercle sur la surface de la terre.

69. La grandeur d'un degré de grand cercle sur la surface de la terre n'est pas par-tout la même, puisque la surface de la terre n'est pas parfaitement sphérique ; mais la différence est assez petite pour qu'on puisse les regarder comme étant de même grandeur et chacun de 57,008 toises, ce qui est la grandeur moyenne trouvée par observation pour les degrés du méridien.

70. Ce que l'on entend par lieues marines, en

France, c'est la vingtième partie d'un degré de grand cercle de la terre; chacune est donc de 2,850 toises $\frac{1}{2}$, et le tiers de la lieue à peu près de 950 toises (*).

Pour convertir un certain nombre de lieues en degrés de grand cercle de la terre, il faut prendre le vingtième des lieues, ce qui donnera des degrés, et tripler le reste, ce qui donnera des minutes de degrés.

71. Si l'on avait au contraire un certain nombre de degrés et minutes de grand cercle à convertir en lieues, il faudrait multiplier le nombre de degrés par 20, puis prendre le tiers des minutes, et on obtiendrait des lieues.

De la Mesure du Chemin.

72. Le moyen dont on fait usage à la mer pour connaître le chemin que fait un vaisseau, se réduit à déterminer l'espace qu'il parcourt pendant une partie connue de l'heure; on en conclut ensuite le chemin qu'il fait pendant tout autre espace de tems, en supposant que la vîtesse continue d'être la même que pendant l'expérience.

73. Le tems que dure l'expérience est ordinai-

(*) Suivant les nouvelles mesures, la lieue marine est de 5,555 mètres, et le tiers de lieue de 1,852 mètres.

rement d'une demi-minute, ou 30 secondes, lesquelles se mesurent avec un sablier. ·

74. L'instrument dont on se sert pour mesurer le
chemin que le vaisseau fait pendant une demi-minute,
est appelé *loch*.

Le bateau du loch est un morceau de bois de la
forme d'un triangle isocèle, ou de celle d'un secteur
dont chaque côté est d'environ 6 pouces; le bateau
est attaché à la ficelle par un de ses angles, qui en
est le sommet; sa base est chargée d'une lame de
plomb pour lui faire prendre une position verticale
lorsqu'on le jette dans la mer.

75. La ficelle ou ligne de loch est divisée en parties
de 47 pieds ½ chacune, et marquée par des bouts de
ficelle auxquels on fait des nœuds; savoir : un nœud
à la première division, deux à la seconde, etc.; mais
les divisions ne commencent pas à partir du bateau
du loch. On mesure, avant de rien diviser, un espace
à peu près égal à la longueur du vaisseau; en ce
point on attache un morceau de drap ou de cuir
que l'on appelle *houache*, et de ce point on commence à mesurer les parties égales qui doivent être
de 47 pieds ½ ou 15 mètres 4 décimètres chacune,
et qui s'appellent *nœuds*.

76. La manière de se servir du loch consiste à
laisser tomber, de la poupe et du côté opposé au
vent, le bateau du loch; on lâche la ficelle, qui est

tournée sur une espèce de touret, à mesure que le vaisseau avance ; à l'instant où la marque appelée *houache* sort du vaisseau, on tourne le sablier, et aussitôt que la demi-minute est écoulée, on arrête la ficelle et on regarde quel est le nombre des nœuds écoulés pendant l'expérience; ce nombre indique la quantité de tiers de lieue que le vaisseau ferait dans une heure.

77. En effet la longueur de chaque nœud est de 47 pieds $\frac{1}{2}$, c'est-à-dire de la 120e. partie du tiers de lieue, et le tems que dure l'expérience est aussi la 120e. partie de l'heure ; par conséquent, si le vaisseau conserve sa même vîtesse, il fera dans une heure autant de tiers de lieue qu'il se sera écoulé de nœuds dans la demi-minute.

78. Si le vaisseau changeait de vîtesse pendant l'heure, il faudrait répéter cette expérience autant de fois qu'on le jugerait convenable, et si le vaisseau n'avait conservé sa même vîtesse que pendant un quart-d'heure, par exemple, il ne faudrait compter pour ce quart-d'heure que le quart du chemin trouvé par le loch, lorsque le vaisseau avait cette vîtesse.

79. Cette manière de procéder à la mesure du chemin serait assez exacte, si le bateau du loch restait au point où il tombe; mais il est entraîné par les courans, la lame, les vents, etc., en sorte qu'il

ne fait connaître le mouvement du vaisseau que par rapport à un point qui est ou qui peut être mobile sur la surface de la mer, et non pas à l'égard d'un point fixe; et c'est ce qu'il importe de connaître.

80. Lorsque le bateau du loch tombe à la mer, il prend une vîtesse que lui donne la pesanteur; il a de plus une autre vîtesse dans le sens du vaisseau avec lequel il est entraîné; il ne reste donc pas dans le même endroit; d'ailleurs, il est continuellement déplacé par le mouvement de la mer, que l'on appelle *remoux* ; en sorte que le chemin trouvé serait encore altéré par ces dernières causes, si on commençait à le compter du moment où l'on jette le bateau du loch à la mer; mais on remédie à ces derniers inconvéniens en laissant le bateau du loch s'écarter d'une quantité à peu près égale à la longueur du vaisseau, afin qu'il se trouve hors du remoux lorsque l'on commence à compter le chemin.

81. Si la durée du sablier, au lieu d'être de 30 secondes, était de tout autre nombre de secondes, le chemin trouvé ne serait pas le véritable chemin, mais il pourrait servir à le trouver en faisant cette proportion : le nombre de secondes qu'a duré le sablier, est à 30 secondes, comme le chemin trouvé est au véritable chemin; c'est-à-dire qu'il faut multiplier le chemin trouvé par 30 secondes,

et diviser le produit par le nombre de secondes qu'a duré le sablier.

82. Si les nœuds du loch qui devaient être distans l'un de l'autre de 15,4 , ou 47 pieds $\frac{1}{2}$, étaient à toute autre distance, le chemin trouvé ne serait pas le véritable chemin ; mais on pourrait le déterminer par cette proportion : $15^m,4$ ou 47 pieds $\frac{1}{2}$ sont à la longueur actuelle du loch, comme le chemin trouvé est au véritable chemin. Ainsi il faudrait multiplier le chemin trouvé par la distance qui existe entre les nœuds, et diviser par 47 pieds $\frac{1}{2}$ ou $15^m,4$.

De la Rose des Vents et de la Boussole.

83. On appelle *rose des vents* un cercle (fig. 24) divisé en 32 parties égales par des rayons que l'on nomme *rumbs* ou *airs de vents*.

84. La distance entre deux rumbs de vents, ou plutôt l'angle formé entre deux rumbs de vents voisins, est donc la trente-deuxième partie de la circonférence, c'est-à-dire de $11° 15'$.

85. On a donné à deux rumbs de vents diamétralement opposés, N. et S., qui doivent représenter les points où le méridien coupe l'horizon, les dénominations de ces points ; c'est-à-dire qu'on les appelle l'un *Nord* et l'autre *Sud*. Les deux autres rumbs de vents, E. et O., qui sont dans une autre

direction perpendiculaire aux premiers, doivent représenter les points où l'équateur coupe l'horizon,
et s'appellent, par cette raison, les points *Est* et
Ouest. Les quatre points Nord et Sud, Est et Ouest,
partagent l'horizon en quatre parties égales, et s'appelle *les points* ou *vents cardinaux*.

86. On divise chacun des quarts de la circonférence en deux parties égales, et le rayon ou rumb
de vent qui passe par chacun de ces points de division, prend un nom composé de ceux des rumbs
de vents cardinaux entre lesquels il se trouve ; dans
cette dénomination on énonce le premier celui qui
appartient à la ligne Nord et Sud. Ces quatre nou-
veaux rumbs de vents, avec les quatre rumbs de vents
cardinaux, forment huit rumbs de vents principaux,
qui sont Nord, Nord-est, Est, Sud-est, Sud, Sud-
ouest, Ouest et Nord-ouest, et qui par abréviation
s'écrivent ainsi : N. NE., E. SE., S. SO., O. NO.

87. On divise chaque arc compris entre ces huit
rumbs de vent eu deux parties égales, et le rayon qui
passe par chacun des points de division, représente
un demi-rumb de vent qui prend un nom composé des
rumbs de vents principaux entre lesquels il est, en
nommant toujours le premier celui des quatre rumbs
cardinaux entre lesquels il se trouve, et dont il est le
plus voisin. Ainsi le demi-rumb de vent qui est entre le
Nord et le Nord-est, sera le Nord-nord-est. Les autres

sont Est-nord-est, Est-sud-est, Sud-sud-est Sud-sud-ouest, Ouest-sud-ouest, Ouest-nord-ouest, Nord-nord-ouest ; et par abréviation ils s'écrivent ainsi : ENE., ESE., SSE., SSO.; OSO., ONO., NNO.

88. Pour avoir les seize autres, que l'on appelle *quarts*, il faut diviser les arcs compris entre les rumbs de vents principaux et les demi-rumbs, chacun en deux parties égales ; par les points de division, tracer des lignes dirigées au centre, et former leurs noms de ceux des deux principaux rumbs de vents entre lesquels ils se trouvent, en commençant par celui qui est le plus voisin ; mais on sépare ces deux noms par le mot *quart ;* en sorte que celui qui vient immédiatement après le Nord, du côté de l'Est, sera le Nord-quart-nord-est. Les autres sont Nord-est-quart de nord, Nord-est-quart-d'est, Est-quart-nord-est, Est-quart-sud-est, Sud-est-quart-d'est, Sud-est-quart de sud, Sud-quart-sud-est, Sud-quart-sud-ouest, Sud-ouest-quart de sud, Sud-ouest-quart-d'ouest, Ouest-quart-sud-ouest, Ouest-quart-nord-ouest, Nord-ouest-quart d'ouest, Nord-ouest-quart-de nord, Nord-quart-nord-ouest. Par abréviation on les écrit ainsi :

$$N \tfrac{1}{4} NE., \ NE \tfrac{1}{4} N., \ NE \tfrac{1}{4} E., \ E \tfrac{1}{4} NE., \ E \tfrac{1}{4} SE.,$$
$$SE \tfrac{1}{4} E., \ SE \tfrac{1}{4} S., \ S \tfrac{1}{4} SE., \ S \tfrac{1}{4} SO., \ SO \tfrac{1}{4} S., \ SO \tfrac{1}{4} O.,$$
$$O \tfrac{1}{4} SO., \ O \tfrac{1}{4} NO., \ NO \tfrac{1}{4} O., \ NO \tfrac{1}{4} N., \ N \tfrac{1}{4} NO.$$

L'on trouve ci-contre les 32 rumbs de vents écrits

dans l'ordre que l'on appelle naturel , qui est en passant du Nord à l'Est , de l'Est au Sud , du Sud à l'Ouest , et de l'Ouest au Nord ; et par la disposition qui leur a été donnée , l'on trouve chaque rumb de vent vis-à-vis de son opposé sur la même ligne.

Toutes les opérations que l'on aura à faire par la suite , soit sur les cartes ou sur le quartier de réduction , demandent une connaissance parfaite de cette rose avec laquelle on ne saurait trop se familiariser, pour y reconnaître les rumbs de vents à l'inspection seule, pour y distinguer ceux qui sont opposés , et retenir la suite , tant dans l'ordre naturel que dans l'ordre contraire.

N.	S.
N $\frac{1}{4}$ NE.	S $\frac{1}{4}$ SO.
NNE.	SSO.
NE $\frac{1}{4}$ N.	SO $\frac{1}{4}$ S.
NE.	SO.
NE $\frac{1}{4}$ E.	SO $\frac{1}{4}$ O.
ENE.	OSO.
E $\frac{1}{4}$ NE.	O $\frac{1}{4}$ SO.
E.	O.
E $\frac{1}{4}$ SE.	O $\frac{1}{4}$ NO.
ESE.	ONO.
SE $\frac{1}{4}$ E.	NO $\frac{1}{4}$ O.
SE.	NO.
SE $\frac{1}{4}$ S.	NO $\frac{1}{4}$ N.
SSE.	NNO.
S $\frac{1}{4}$ SE.	N $\frac{1}{4}$ NO.

89. La boussole dont on fait usage à la mer, est composée d'une rose des vents, tracée sur un carton, ou sur un morceau de talc taillé en rond ; à cette rose est attachée une aiguille aimantée, placée au-dessous dans la direction de la ligne nord et sud ; cette aiguille et la rose sont portées sur un pivot qui passe au centre de la rose, dans un trou pratiqué à cet effet au milieu de l'aiguille aimantée ; en sorte que l'aiguille peut tourner librement sur le pivot dans le sens horizontal. Le tout est renfermé dans une boîte carrée que l'on place dans une espèce d'armoire appelée *habitacle*.

90. L'aiguille aimantée a la propriété de se diriger constamment vers un même point de l'horizon, dans un même lieu et dans le même tems ; cette direction que prend l'aiguille aimantée s'appelle le *méridien magnétique*.

91. L'angle que forme la direction de l'aiguille aimantée ou le méridien magnétique, avec la véritable ligne méridienne, s'appelle *déclinaison de l'aiguille*, ou *variation du compas*; en sorte que la variation du compas est aussi l'angle que forme avec la véritable ligne nord et sud, la ligne nord et sud du compas.

Lorsque la variation est telle que le Nord de la boussole s'écarte du Nord du monde vers l'Est, on l'appelle variation NE.

Quand le Nord de la boussole s'écarte du Nord du monde vers l'Ouest, la variation est NO.

92. La variation diffère d'un lieu à l'autre, de plus elle n'est pas constamment la même pour un même lieu, car d'année en année elle change d'une petite quantité, et ce changement paraît se faire dans un même sens pendant un grand nombre d'années.

93. La boussole sert à diriger la route que le vaisseau doit tenir pour se rendre d'un lieu à un autre; elle sert aussi à relever les objets à terre lorsqu'on est à la vue des côtes, pour déterminer sur une carte le lieu où l'on est; enfin elle sert quelquefois à observer la dérive du vaisseau.

94. On appelle *dérive*, l'angle que forme la quille du vaisseau avec la route qu'il suit; le moyen que l'on emploie pour déterminer la quantité qu'il y a de dérive est de mesurer avec une rose des vents l'angle que forme la quille du vaisseau avec la trace qu'il laisse derrière lui. Cet angle est la dérive. En sorte que si, par exemple, la quille était dirigée au NNE. et SSO., et que la trace que laisse le vaisseau fût NE. et SO., il y aurait 22° 30′ de dérive.

Dans les grands bâtimens il y assez ordinairement un demi-cercle divisé en degrés et fixé à la galerie, pour faciliter cette observation.

Un vaisseau n'a de dérive que quand il est ce que l'on appelle au plus près, ou bien vent largue.

Des Principes de la Réduction des Routes.

95. Nous avons appelé rumb de vent une ligne assujettie à faire avec la méridienne un angle déterminé. Ces lignes étant tracées sur la surface de la terre qui est courbe dans tous les sens, sont nécessairement des lignes courbes ; elles le sont par une autre raison, parce devant faire constamment le même angle avec les méridiens de chaque lieu qui concourent en un même point, elles ont nécessairement une double courbure; ces courbes s'appellent des *loxodromies*.

On appelle aussi rumb de vent ou *route* l'angle que forme la direction du rumb de vent que l'on suit avec la méridienne ou la ligne nord et sud.

96. Quoique la route ou le rumb de vent qu'un vaisseau suit, soit une courbe, il est démontré que si l'on construisait un triangle rectiligne rectangle (fig. 25) dans lequel l'hypoténuse CD fût égale à la longueur du chemin, l'un des angles BCD égal à l'angle du rumb de vent, le côté BC adjacent à cet angle serait égal au chemin fait au nord ou au sud, c'est-à-dire au changement en latitude, et le côté opposé BD à ce même angle serait égal au chemin fait à l'Est ou à l'Ouest.

On peut donc représenter par les parties d'un même triangle rectiligne rectangle la longueur de la route, le chemin fait suivant la ligne nord et sud, le chemin fait suivant la ligne est et ouest, et l'angle de route ou le rumb de vent qui a été suivi.

97. Lorsque la route n'a pas une grande étendue dans le sens de la latitude, il est aussi démontré que si l'on construisait un triangle rectiligne ABC (fig. 26), rectangle en B, dans lequel l'un des angles aigus ACB fût égal à la latitude moyenne de l'espace que l'on a parcouru, et le côté BC de l'angle droit adjacent à cet angle égal au chemin fait suivant la ligne est et ouest, l'hypothénuse AC de ce même triangle représenterait le changement en longitude exprimé en lieues, que l'on appelle *lieues majeures*.

Des Problèmes de la Navigation.

98. Les problèmes de la navigation sont au nombre de six ; on peut les résoudre sur la carte plate, en construisant les triangles dont nous venons de parler. C'est ce que l'on appelle pointer la carte.

Ier. Problème.

Dans le premier problème, on connaît le point d'où l'on est parti (*), la route qui a été suivie et le chemin qu'on a fait ; on demande la latitude et la longitude du lieu où l'on est arrivé.

IIe.

Dans le second problème, on connaît le point de départ, le rumb de vent qui a été suivi, et la latitude du lieu de l'arrivée ; on demande la longitude du lieu de l'arrivée et le chemin.

IIIe.

Dans le troisième problème, on connaît le point de départ, la latitude du point d'arrivée et le chemin ; l'on sait de plus entre quels rumbs de vents

(*) Connaître le point d'où l'on est parti, c'est connaître la latitude et la longitude de ce point du départ.

cardinaux on a fait route ; on demande la longitude
d'arrivée et le rumb de vent qui a été suivi.

IVe.

Dans le quatrième problème, on connaît le point
de départ et celui d'arrivée ; on demande la route
et le chemin.

V^e.

Dans le cinquième problème, on connaît le point
de départ, la route et la longitude du lieu d'arrivée ; on demande le chemin et la latitude du point
d'arrivée.

VIe.

Dans le sixième problème, on connaît le point
de départ, le chemin et la longitude du lieu d'arrivée ; on demande la route et la latitude du lieu
d'arrivée.

Nota. Les deux derniers problèmes ne se résolvent presque jamais à la mer, parce qu'ils supposent
la connaissance de la longitude que l'on ne peut
y déterminer avec une grande précision.

Avant de procéder à la résolution de ces problèmes, nous allons donner les méthodes qui servent, 1°. à déterminer la latitude et la longitude
d'un lieu marqué sur la carte, 2°. à faire connaître

le point d'une carte où doit être placé un lieu dont
on a la latitude et la longitude, 3°. à déterminer
sur une carte ce que l'on appelle le point de *partance*,
étant à la vue d'une côte.

Opérations sur la Carte.

99. Pour déterminer la latitude d'un lieu porté
sur une carte, il faut prendre avec un compas la
plus courte distance du lieu proposé à une des
lignes est et ouest, conduire cette ouverture de
compas sur l'échelle des latitudes, ou méridien
gradué, en suivant d'une pointe la ligne est et
ouest, l'autre pointe indiquera la latitude du lieu.

Pour déterminer la longitude, il faut de même
prendre avec un compas la plus courte distance du
lieu à une ligne nord et sud, porter cette ouverture de compas sur l'échelle des longitudes, en
suivant d'une pointe la ligne nord et sud, l'autre
pointe indiquera, sur le parallèle gradué, la longitude de ce lieu.

100. Pour marquer sur une carte le point où doit
être situé un lieu dont on connaît la latitude et la
longitude, il faut chercher avec deux compas le point
de rencontre d'une ligne est et ouest qui répond à
la latitude proposée, et d'une ligne nord et sud qui
répond à la longitude.

C'est ainsi qu'on marque sur la carte le point où

4

l'on est, quand on connaît sa latitude et sa longitude.

101. Lorsqu'on est prêt à perdre la terre de vue,, si l'on peut apercevoir deux points sur la terre qui soient marqués sur la carte , on relève ces deux points avec la boussole, puis sur la carte on mène, par chacun des points relevés , une ligne parallèle au rumb de vent sur lequel ce point a été aperçu; la rencontre de ces deux lignes sera le point de partance ou de départ, dont on détermine la latitude et la longitude de la manière qui a été expliquée (99).

Nota. Il faut observer qu'avant de faire cette opération sur la carte , on doit corriger les rumbs de vents du relèvement, de ce que nous avons appelé variation du compas (91).

Nous donnerons dans la suite les moyens de déterminer cette variation et de la corriger.

EXEMPLE Ier.

On suppose que l'on ait relevé le cap d'Ortégal au SE $\frac{1}{4}$ E., et le cap Prior au S $\frac{1}{4}$ SO (ces deux rumbs de vents étant corrigés de la variation du compas) ; on demande la latitude et la longitude du lieu de l'observation.

Ayant tracé , sur la carte du golfe de Gascogne , par le point qui représente le cap d'Ortégal, une ligne parallèle au NO $\frac{1}{4}$ O. et SE $\frac{1}{4}$ E. , et , par le point qui représente le cap Prior, une parallèle au

S $\frac{1}{4}$ SO. et N $\frac{1}{4}$ NE. : le point de rencontre de ces deux lignes est celui où l'observateur était situé au moment de l'observation.

La latitude de ce point déterminée, comme il a été expliqué (99), est de 43° 55′ nord, et sa longitude de 10° 29′ ouest, méridien de Paris.

EXEMPLE IIe.

On a relevé la tour des Baleines au N $\frac{1}{4}$ NE., et la tour de Chassiron à l'E $\frac{1}{4}$ SE., le tout corrigé ; on demande la latitude et la longitude du lieu de l'observation.

On trouve la latitude de 46° 5′ nord, et la longitude de 3° 57′ occidentale, méridien de Paris.

102. Pour que le point trouvé de la manière indiquée (101) soit déterminé avec une certaine précision, il faut que les deux points relevés soient assez éloignés l'un de l'autre pour que l'angle formé par les deux rumbs de vents du relèvement, ne soit pas très-aigu ; il ne faut pas non plus que cet angle soit approchant de 180 degrés.

103. Lorsqu'on ne peut apercevoir que des points peu distans l'un de l'autre, ou que l'on n'aperçoit qu'un seul objet, comme une pointe avancée ou une tour élevée, il faut relever avec le compas cet objet, ou l'un de ces objets, et estimer à la vue la distance à laquelle on en est ; puis, après avoir corrigé le

rumb de vent du relèvement de la variation du compas, on trace sur la carte, par le point qui a été relevé, une ligne parallèle au rumb de vent du relèvement; en sorte que si l'objet a été relevé au NE., on trace une parallèle au NE. et SO., et l'on porte sur cette ligne, à partir du point qui a été relevé, et du côté du SO., une ouverture de compas égale au nombre de lieues de la distance estimée, prise sur l'échelle des lieues ou sur celle des latitudes de la carte, ce qui détermine le point où l'on était au moment de l'observation.

EXEMPLE Ier.

Supposant que l'on eût relevé la pointe ouest de l'île Dieu au NE $\frac{1}{4}$ N., à la distance de 6 lieues; on demande la latitude et la longitude du lieu de l'observation.

En exécutant l'opération comme il vient d'être expliqué, on trouve que l'observateur était par 46° 28′ de latitude nord, et par 4° 58′ de longitude occidentale, méridien de Paris.

EXEMPLE IIe.

On a observé la tour de Cordouan à l'ESE., corrigée de la variation, à la distance de 8 lieues; on demande la latitude et la longitude du lieu de l'observation.

On trouve pour latitude 45° 45′ nord, et pour longitude 4° 2′ occidentale.

104. Si cette opération se fait sur une carte plate, on peut prendre indifféremment l'ouverture de la distance estimée sur telle partie que l'on voudra de l'échelle des lieues ; mais si l'on opère sur une carte réduite, il faut avoir soin de prendre l'ouverture du compas de manière que le milieu de cette ouverture se trouve à peu près sur le parallèle qui passerait à égale distance du point relevé et de celui où l'on se trouve.

Résolution des Problèmes de Navigation sur la Carte.

Du premier Problème sur la Carte.

105. Nous avons vu (98) que le premier problème consiste à déterminer le point d'arrivée d'un vaisseau, lorsque l'on connaît celui du départ, la route et le chemin.

Pour résoudre ce problème sur la carte plate, il faut d'abord marquer le point de départ de la manière qui a été indiquée (100) ; par ce point conduire, au moyen du compas, une parallèle au rumb de vent qui a été suivi ; porter sur cette ligne, à partir du point du départ, une ouverture de compas égale au chemin que l'on prend sur l'échelle des lieues ou sur celle des latitudes : le point où elle se terminera sera le lieu de l'arrivée, dont on obtiendra facilement la latitude et la longitude par le procédé indiqué (99).

106. Quelques personnes résolvent le problème de la même manière sur la carte réduite, mais ayant l'attention de prendre le chemin sur l'échelle des lieues ou sur celle des latitudes, de manière que le milieu de l'ouverture de compas réponde au moyen parallèle de l'espace que l'on a parcouru, ou à peu-près. Ce procédé n'est pas rigoureux, mais on peut en faire usage lorsque l'espace que l'on a parcouru a peu d'étendue dans le sens de la latitude.

Nous ne parlerons point ici de la méthode rigou-reuse de pointer une carte réduite, parce que la complication du procédé rend souvent le résultat moins exact que celui qu'on obtient par la méthode que nous donnons, qui d'ailleurs est beaucoup plus simple et pratiquée par tous les marins.

EXEMPLE Ier.

On est parti de 45° 33' de latitude nord, et de 3° 45' de longitude occidentale, méridien de Paris, et l'on a fait 20 lieues au ONO; on demande le lieu de l'arrivée, sur la carte, sa latitude et sa longitude.

Pour résoudre ce problème, on détermine d'a-bord, sur la carte, le point de départ, ainsi qu'il suit :

Par le point qui sur l'échelle des latitudes représente 45° 33', on trace, au moyen du compas, une parallèle à la ligne est et ouest.

Par celui qui sur l'échelle des longitudes représente 3° 45', on conduit une parallèle à la ligne nord et sud ; la rencontre de ces deux droites sera le point de départ.

Par le point du départ ainsi déterminé, on mène une parallèle au ONO., sur laquelle on porte une ouverture de 20 lieues prise sur l'échelle des lieues ou sur celle des latitudes, ce qui donne le lieu de l'arrivée.

Si par ce point l'on trace une parallèle à la ligne est et ouest jusqu'à la rencontre de l'échelle des latitudes, on aura la latitude du lieu de l'arrivée, qui pour cet exemple est de 45° 56' nord.

Si l'on conduit par le même point une parallèle à la ligne nord et sud, sa rencontre avec l'échelle des longitudes donnera la longitude du lieu de l'arrivée, qui est de 5° 4' occidentale.

EXEMPLE IIᵉ.

On est parti de 44° 1' de latitude nord, et de 10° 0' de longitude occidentale, méridien de Paris ; ayant fait 22 lieues au NNO ; on demande la latitude et la longitude du lieu de l'arrivée.

En résolvant ce problème ainsi qu'il a été expliqué dans l'article précédent, on trouve que la latitude du lieu de l'arrivée est de 45° 2' nord, et la longitude de 10° 36' occidentale, méridien de Paris.

EXEMPLE III•.

On est parti de 47° 14' de latitude nord, et de 6° de longitude occidentale, méridien de Paris; ayant fait 16 lieues au O $\frac{1}{4}$ SO; on demande la latitude et la longitude du lieu de l'arrivée.

En résolvant ce problème comme les précédens, on trouve, pour latitude du lieu de l'arrivée, 47° 5' nord, et 7° 9' de longitude occidentale.

EXEMPLE IVᵉ.

On est parti de 48' 19' de latitude nord, et de 7° 48' de longitude occidentale, méridien de Paris; on a fait 10 lieues au SO $\frac{1}{4}$ O; on demande la latitude et la longitude du lieu de l'arrivée.

En faisant l'opération on trouve, pour la latitude du lieu de l'arrivée, 48° 2' nord, et 8° 25' de longitude occidentale.

Du second Problème sur la Carte.

107. Dans le second problème on connaît le point du départ, le rumb de vent qui a été suivi, et la latitude du lieu de l'arrivée; on cherche le chemin et la longitude d'arrivée.

Pour résoudre ce problème sur la carte plate, il faut, après avoir déterminé le point de départ par le procédé indiqué (100), tracer par ce point, avec le compas, une parallèle au rumb de vent que l'on a suivi jusqu'à la rencontre d'une ligne est et ouest menée par la latitude du lieu de l'arrivée (que l'on trace aussi au moyen du compas) ; le point d'intersection de ces deux lignes indique le lieu de l'arrivée, et la distance de ce point à celui du départ, étant portée sur l'échelle des lieues, donne le chemin.

108. Le procédé pour déterminer le lieu de l'arrivée sur une carte réduite est absolument le même que celui que nous venons d'indiquer ; mais on trouve le chemin par une autre opération que nous n'expliquerons pas ici : nous nous contenterons d'observer que lorsque le changement en latitude est peu considérable, l'on détermine le chemin sur la carte réduite de la même manière que sur une carte plate, ayant seulement l'attention de porter l'ouverture de compas qui mesure la distance du point de départ à celui de l'arrivée, sur l'échelle des lieues ou sur celle des latitudes, de manière que le milieu de cette ouverture réponde au parallèle moyen de l'espace que l'on a parcouru.

EXEMPLE Ier.

On est parti de 45° 30′ de latitude nord, et de

3° 44′ de longitude occidentale , méridien de Paris ; ayant fait route au NO. jusqu'à s'être trouvé par 46° 12′ de latitude aussi nord ; on demande la longitude du lieu de l'arrivée et le chemin.

Après avoir marqué sur la carte le point du départ de la manière qui a été expliquée (100), on conduit par ce point une parallèle au NO. ; puis du point qui, sur l'échelle des latitudes représente 46′ 12′, on trace une parallèle à la ligne est et ouest ; le point de rencontre de ces lignes est celui où l'on est arrivé.

Prenant la distance du point de départ à celui de l'arrivée, la portant sur l'échelle des lieues, on trouve que le chemin parcouru est de 20 lieues.

La longitude du lieu de l'arrivée étant déterminée par le procédé indiqué (99), se trouve de 4° 44′ ouest.

EXEMPLE IIᵉ.

On est parti de 44° de latitude nord , et de 7′ 40′ de longitude occidentale , méridien de Paris , et l'on a fait route au NE ¼ N. jusqu'à s'être trouvé par 44° 37′ de latitude aussi nord ; on demande la longitude du lieu de l'arrivée et le chemin.

En faisant l'opération ainsi qu'il a été expliqué dans l'article précédent, on trouve pour longitude du lieu de l'arrivée 7° 5′ occidentale , et le chemin de 15 lieues.

Exemple IIIᶜ.

On est parti de 46° 28′ de latitude nord, et de 4° 43′ de longitude occidentale, méridien de Paris, et l'on a fait route au S ¼ SO. jusqu'à s'être trouvé par 45° 27′ de latitude nord; on demande le lieu de l'arrivée et le chemin.

En résolvant ce problème, comme il a été expliqué précédemment, on trouve pour longitude du lieu de l'arrivée 5° 0′ ouest, et le chemin de 20 $\frac{12}{3}$.

Exemple IVᵉ.

On est parti de 47° 57′ de latitude nord, et de 7° 22′ de longitude occidentale, méridien de Paris; l'on a fait route au SSO. jusqu'à s'être trouvé par 47° 15′ de latitude aussi nord; on demande le lieu de l'arrivée et le chemin.

En faisant l'opération, on trouve pour la longitude 7° 48′ occidentale, et le chemin de 15 lieues.

Du troisième Problème sur la Carte.

109. Dans le troisième problème, on connaît le point du départ, la latitude du lieu de l'arrivée et le chemin; de plus on sait entre quels rumbs de vents cardinaux on a fait route; on cherche la longitude d'arrivée et la route.

Pour résoudre ce problème sur la carte plate,

il faut, après avoir déterminé le point du départ
(100), tracer de ce point comme centre, et d'une
ouverture de compas égale au chemin, pris sur
l'échelle des lieues, ou sur celle des latitudes, un arc
de cercle entre les deux principaux rumbs de vents
indiqués dans le problème ; le point de rencontre
de cet arc avec une parallèle à la ligne est et ouest
menée par le point de la latitude d'arrivée, sera le
point d'arrivée ; et celui des rumbs de vents de la
rose qui sera parallèle à la ligne qui joint le point
de départ et celui de l'arrivée, sera le rumb de
vent que l'on aura suivi.

110. Le procédé pour résoudre ce problème sur
la carte réduite, est un peu différent ; mais dans
le cas où le changement en latitude n'est pas bien
grand, on peut déterminer le point d'arrivée de
la même manière, en observant de prendre le chemin sur l'échelle des lieues, ou sur celle des latitudes, de manière que le milieu de l'ouverture de
compas que l'on prend sur cette échelle réponde
au parallèle moyen de l'espace que l'on a parcouru.

Quant à la manière de déterminer le rumb de
vent, elle est absolument la même sur l'une et
l'autre carte.

EXEMPLE Ier.

On est parti de 45° 15′ de latitude nord, et de

4° 10' de longitude occidentale, méridien de Paris ;
l'on a fait 24 lieues entre le sud et l'ouest, de manière que la latitude du lieu de l'arrivée était de
44° 35' aussi nord ; on demande la longitude du lieu
de l'arrivée et le rumb de vent qui a été suivi.

Après avoir déterminé le point de départ comme
il a été enseigné (100), il faut prendre sur l'échelle
des lieues, ou sur celle des latitudes, une ouverture
de compas de 24 lieues, avec laquelle on décrit, du
point de départ comme centre, un arc de cercle
du côté du sud et de l'ouest ; puis du point qui
sur l'échelle des latitudes représente la latitude
d'arrivée, on trace une parallèle à la ligne est et
ouest. Le point où cette droite rencontre l'arc de
cercle est le point d'arrivée que l'on trouve dans
cet exemple être situé par 5° 35' de longitude occidentale.

Unissant le point de départ à celui de l'arrivée
par une ligne droite, et examinant quel est le rumb
de vent de la rose qui est parallèle à cette ligne,
on trouve la route, qui pour cet exemple est le
SO $\frac{1}{4}$ O.

EXEMPLE IIe.

On est parti de 43° 45' de latitude nord, et de
4° 45' de longitude occidentale, on a couru 15¹ ½
entre le nord et l'ouest, et on s'est trouvé par

44° 28′ de latitude nord; on demande le rumb de vent qui a été suivi, et la longitude du lieu de l'arrivée.

En résolvant le problème comme il a été expliqué précédemment, on trouve que la route est NNO.; la longitude du lieu de l'arrivée est de 5° 10′ occidentale.

Exemple IIIᵉ.

On est parti de 47° 12′ de latitude nord, et de 7° 30′ de longitude occidentale, méridien de Paris; on a fait 25 lieues entre le sud et l'est, et l'on s'est trouvé par 46° 19′ de latitude aussi nord. On demande le rumb de vent qu'on a suivi, et la longitude du lieu de l'arrivée.

On trouve que la route est le SE., et la longitude du lieu de l'arrivée de 6° 13′ occidentale.

Exemple IVᵉ.

On est parti de 45° 48′ de latitude nord, et de 7° 40′ de longitude occidentale, méridien de Paris; on a fait 32¹ ½ entre le nord et l'est, et l'on s'est trouvé par 46° 26′ de latitude aussi nord; on demande le rumb de vent qui a été suivi, et la longitude du lieu de l'arrivée.

En résolvant ce problème, on trouve que la route est l'ENE 1°. N, et la longitude du lieu de l'arrivée de 5° 30′ occidentale.

Du quatrième *Problème* sur la *Carte*.

111. Dans le quatrième problème, on connaît le point du départ et celui d'arrivée, ou bien le point du départ est celui où l'on se propose de se rendre ; on demande la route et le chemin.

Pour résoudre ce problème sur la carte plate, il faut, après avoir déterminé le point de départ et celui d'arrivée par le procédé indiqué (100), joindre ces deux points par une ligne droite. Celui des rumbs de vent de la rose qui sera parallèle à cette ligne sera la route que l'on aura suivie, et la distance de ces deux points, étant portée sur l'échelle des lieues, donnera le chemin.

Pour reconnaître celui des rumbs de vents qui est parallèle à cette ligne, posez le côté d'une règle sur ces deux points ; prenez avec un compas la plus courte distance du centre de la rose, la plus proche, au côté de cette règle ; faites ensuite glisser une des pointes du compas le long de la règle, en allant vers le point d'arrivée, ayant soin de tenir toujours les deux pointes du compas dans une direction perpendiculaire au côté de la règle : la pointe qui passera par le centre de la rose tracera le rumb de vent cherché.

112. Sur une carte réduite, le procédé pour déterminer le rumb de vent que l'on a suivi est

absolument le même; mais le moyen dont on fait
usage pour connaître le chemin avec précision est
différent. Nous ne le ferons pas connaître ici ; nous
nous contenterons d'observer que quand le changement en latitude n'est pas bien grand, l'on peut
faire usage de la méthode indiquée sur la carte
plate, ayant attention de porter l'ouverture de
compas qui mesure la distance du point de départ
à celui de l'arrivée, sur l'échelle des lieues ou sur
celle des latitudes, de manière que le milieu de
cette ouverture réponde au parallèle moyen de
l'espace que l'on a parcouru.

Nous verrons que ce problème peut également
se résoudre sur le quartier de réduction ; mais lorsque l'on donne le point du départ et celui où l'on
doit se rendre, et que l'on demande la route qu'il
faut faire pour y arriver, c'est toujours sur la carte
que ce problème doit être résolu, parce que le
quartier, en nous apprenant quelle est la ligne
droite qui conduit de l'un de ces points à l'autre,
ne nous fait pas connaître s'il y a du danger à la
suivre, et c'est ce que l'on découvre sur la carte ;
et dans ce cas, on y aperçoit quelle est la direction
qu'il faut suivre pour éviter les écueils, en s'écartant le moins possible de la route directe.

Mais si on connaissait le point du départ et celui
où l'on est arrivé, et que l'on demandât la route

directe qui y a conduit, on pourrait indifféremment résoudre le problème, soit sur le quartier de
réduction, soit sur la carte.

EXEMPLE Ier.

On suppose que l'on est parti de 45° 3o' de latitude nord, et de 3° 45' de longitude occidentale,
méridien de Paris, et que le point où on se propose
de se rendre est 46° 2' de latitude aussi nord, et
5° 32' de longitude occidentale ; on demande la
route directe et le chemin.

Après avoir marqué sur la carte le point de
départ et celui d'arrivée, en suivant le procédé
indiqué (100), on joint ces deux points par une
ligne droite, et l'on examine quel est celui dès
rumbs de vents de la rose auquel cette ligne est
parallèle ; laquelle doit représenter la route que
l'on trouve ici le ONO.

Prenant ensuite la distance du point de départ
à celui de l'arrivée, et portant cette ouverture sur
l'échelle des lieues, ou sur celle des latitudes, on
trouve le chemin, qui, pour cet exemple, est de
27 lieues.

EXEMPLE IIe.

On est parti de 43° 58' de latitude nord, et de
5° 5' de longitude occidentale, méridien de Paris ;

5

on est arrivé par 45° 44' de latitude aussi nord, et par 4° 36' de longitude occidentale; on demande la route directe et le chemin.

En résolvant ce problème comme il a été expliqué dans l'article précédent, on trouve que la route directe est le N $\frac{1}{4}$ NE., et que le chemin est de 36 lieues.

EXEMPLE IIIe.

On est parti de 47° 31' de latitude nord, et de 6° 6' de longitude occidentale, méridien de Paris; on est arrivé par 46° 40' de latitude aussi nord, et par 4° 52' de longitude occidentale; on demande la route directe et le chemin.

En résolvant le problème, on trouve que la route directe est le SE., et qu'il y a 24 lieues de chemin.

EXEMPLE IVe.

On est parti de 47° 38' de latitude nord, et de 7° 8' de longitude occidentale, méridien de Paris; on est arrivé par 46° 42' de latitude aussi nord, et par 6° 13' de longitude occidentale; on demande la route directe qui a été suivie et le chemin.

En résolvant le problème, on trouve que la route directe est le SE $\frac{1}{4}$ S., et que le chemin est de 22 lieues $\frac{1}{2}$.

Du Quartier de Réduction.

113. Le *quartier de réduction* est un rectangle de carton partagé en plusieurs petits carrés par des lignes parallèles à deux de ses côtés contigus, dont l'un représente la ligne nord et sud, et l'autre la ligne est et ouest.

Sur ce carré sont tracés plusieurs arcs de cercles, qui ont pour centre commun le sommet d'un des angles du rectangle, et tous distans l'un de l'autre d'une quantité égale au côté de chacun des petits carrés.

Dans la plupart des opérations que l'on fait sur cet instrument, il représente un quart de l'horizon ; aussi y a-t-on tracé les rumbs de vents, et au moyen d'un arc qui est gradué on y représente les directions intermédiaires, ce qui se fait en tendant un fil du centre commun des arcs (que l'on appelle centre du quartier), sur la division qui convient à la direction proposée.

114. Dans les opérations que l'on fait sur le quartier de réduction, si on compte chaque intervalle compris entre les arcs pour une, deux ou trois lieues, etc., selon qu'on le trouve nécessaire, il faut avoir l'attention de compter pour le même nombre de lieues chaque intervalle compris entre les parallèles, du moins dans la même opération.

Si on compte les intervalles entre les grands arcs, c'est-à-dire entre les arcs qui auront pour rayons 5, 10, 15, etc., fois le côté de l'un des petits carrés pour une lieue, la distance entre les petits arcs intermédiaires devra être d'un cinquième de lieue, ou deux dixièmes; mais il est encore plus commode de faire valoir chacun des grands intervalles pour un mille, c'est-à-dire un tiers de lieue : dans ce cas les petites distances doivent compter pour deux dixièmes de mille chacune.

Si le quartier n'était pas assez grand pour y compter ainsi tout le chemin, on pourra faire valoir chacun des grands intervalles pour deux, pour trois ou pour quatre, etc., milles, et dans ce cas les petites distances vaudront aussi le double, le triple ou le quadruple, etc., de la première valeur supposée deux dixièmes de mille.

Mais il faut avoir l'attention de ne faire valoir les grands intervalles que le moins possible, afin que l'on puisse apprécier plus exactement les subdivisions.

Réduction de Lieues mineures en Lieues majeures, et de Lieues majeures en Lieues mineures.

115. On appelle *lieues mineures* celles qui sont faites suivant la ligne est et ouest, lorsqu'on est situé sur un parallèle à l'équateur.

On appelle *lieues majeures* celles qui sont faites

suivant la ligne est et ouest, quand on est situé sur l'équateur même, ou encore le nombre des lieues qui, sur l'équateur, répondent aux lieues mineures parcourues sur un parallèle.

116. Quand on a parcouru un certain nombre de lieues à l'Est ou à l'Ouest, étant sur l'équateur, il suffit d'en prendre la vingtième partie pour connaître le nombre de degrés du changement qui s'est opéré dans la longitude, et de multiplier les lieues restantes par 3 pour avoir les minutes excédantes de ce même changement, puisque 20 lieues marines font un degré de grand cercle de la terre, et que par conséquent chaque lieue équivaut à 3 minutes de degré de ce même cercle.

Mais il n'en est pas de même quand on a parcouru un cercle parallèle à l'équateur; car les degrés de celui-ci étant plus petits que ceux de l'équateur, ne valent pas 20 lieues; ils en contiennent d'autant moins, que le parallèle approche plus des pôles, ou qu'il a une plus forte latitude.

Si on formait une table dans laquelle on mît vis-à-vis de chaque latitude, le nombre qu'il faudrait faire de lieues à l'Est ou à l'Ouest pour opérer le changement d'un degré dans la longitude, il suffirait de diviser les lieues faites sur un parallèle connu, par le nombre qui, dans la table, répondrait à sa latitude, pour avoir le nombre de degrés du changement en longitude.

Mais on peut se dispenser de cette table en faisant
l'opération de la réduction des lieues mineures en
lieues majeures, qui consiste à déterminer combien
il y a de lieues dans l'arc de l'équateur qui correspond à l'arc parcouru sur le parallèle. Ainsi,
quand on a fait 25 lieues, par exemple, sur un
parallèle situé par 3o degrés de latitude, cet arc
de 25 lieues mineures est terminé par deux méridiens qui comprennent un arc de l'équateur. Ce
dernier arc est évidemment plus long que celui du
parallèle; il contient donc un plus grand nombre
de lieues : c'est à ce nombre auquel on donne le
nom de *lieues majeures*.

Les lieues majeures ne sont donc ni plus grandes
ni plus petites que les lieues mineures; mais un
certain nombre de lieues mineures répond toujours
à un plus grand nombre de lieues majeures.

Les lieues majeures réduites en degrés donnent
le changement en longitude.

117. Pour convertir un certain nombre de lieues
mineures en lieues majeures par une latitude proposée, sur le quartier de réduction, il faut tendre
le fil de manière à faire avec la ligne est et ouest
un angle égal à la latitude proposée; compter les
lieues mineures sur la ligne est et ouest; au point
où elles se terminent, élever une épingle perpendiculairement à la ligne est et ouest, jusqu'à la

rencontre du fil; puis, comptant depuis le centre du quartier jusqu'à l'épingle, par les arcs de cercle, le nombre d'intervalles indiquera les lieues majeures (114).

L'opération est la même pour convertir les milles mineurs en milles majeures. Il suffit de compter les milles comme on vient de dire qu'il faut compter les lieues.

Dans les exemples que nous allons proposer, nous compterons toujours par milles; cela est d'autant plus avantageux que, pour déduire des milles majeurs le changement en longitude, il suffit d'en prendre la soixantième partie que l'on compte pour des degrés, et les unités restantes pour des minutes.

Exemple Ier.

65 milles mineurs ont été parcourus sur le parallèle de 36°; à combien répondent-ils de milles majeures, ou de milles sur l'équateur?

Réponse. — Il répondent à 80 milles majeurs et 3 dixième, ou à 1° 20′.

Exemple IIe.

On demande à combien de milles majeurs répondent 37^m $\frac{1}{2}$ mineurs faits sur le parallèle de 48° 30′.

Réponse. — A 56^m,6.

Exemple IIIe.

A combien $27^m\frac{1}{2}$ mineurs répondent-ils de milles majeurs par 46° 15' de latitude ?

Réponse. — A 39,8.

Exemple IVe.

Quel est le nombre de milles qui sur l'équateur répond à 98 milles parcourus sur le parallèle de 18° 45"?

Réponse. — 103^m,5 , ou 1 ° 44'.

Exemple V^e.

Ayant parcouru $104^m\frac{1}{2}$ à l'Est, par 29° 30' de latitude, on demande quel est le changement qui s'est fait dans la longitude.

Réponse.—Le changement en longitude est de 2 °.

118. Pour convertir un certain nombre de milles majeurs en milles mineurs, par une latitude proposée, il faut encore tendre le fil de manière à faire avec la ligne est et ouest un angle égal à la latitude; compter les milles majeurs le long du fil, depuis le centre, par les arcs de cercle; au point où ils se terminent, poser une épingle; puis, comptant depuis la ligne nord et sud jusqu'à cette épingle, par les parallèles, le nombre d'intervalles indiquera les milles mineurs correspondans (114).

Exemple Ier.

A combien 56 milles majeurs répondent-ils de milles mineurs sur le parallèle de 38° ?

Réponse. -- A 44^m,1.

Exemple IIe.

Un arc de l'équateur contient 100 milles ou 1° 40'. Combien l'arc correspondant sur le parallèle de 17° 30' contient-il de milles ?

Réponse. — 95^m,3, ou 31 lieues 7 dixièmes.

Exemple IIIe.

En suivant un parallèle situé par 12° 40' de latitude, il s'est opéré un changement de 2° 29' dans la longitude ; on demande combien on a parcouru de milles sur ce parallèle ?

Réponse. — 145,4, ou 48 lieues 7 dixièmes.

Exemple IVe.

A combien 140 milles majeurs répondent-ils de milles mineurs sur le parallèle de 60° ?

Réponse. — A 70^m.

Exemple V^e.

Pour opérer le changement d'un degré dans la

longitude, combien faudrait-il parcourir de milles sur le parallèle de 29° 38′ ?

Réponse — 52ᵐ,2.

Résolution des Problèmes de Navigation sur le Quartier de Réduction.

Du premier Problème de Navigation sur le Quartier de Réduction.

119. Connaissant le point du départ, la route et le chemin, on demande la latitude et la longitude du lieu de l'arrivée, à l'aide du quartier de réduction.

Pour résoudre ce problème, il faut d'abord tendre le fil sur le rumb de vent qui a été suivi, compter le long du fil, à partir du centre, par les intervalles entre les arcs de cercles, le chemin connu; au point où il se termine, on pose un piquet.

Comptant, depuis la ligne est et ouest jusqu'au piquet, les intervalles compris entre les parallèles, on aura le chemin fait au Nord ou au Sud.

Comptant de même depuis la ligne nord et sud, jusqu'au piquet, les intervalles compris entre les parallèles, on aura le chemin fait à l'Est ou à l'Ouest; en observant ce qui a été dit (114).

120. On réduit le chemin fait au Nord ou au Sud en degrés et minutes, à raison de 60 milles au degré; le résultat donne le changement en latitude, auquel

l'on donne la dénomination de Nord ou de Sud, suivant que le chemin dont il provient est fait au Nord ou au Sud.

121. Si la latitude du départ et le changement en latitude ont la même dénomination, il faut en faire une somme, pour avoir la latitude du lieu de l'arrivée, qui, dans ce cas, prend la même dénomination que la latitude du départ.

Si la latitude du départ et le changement en latitude ont une dénomination différente, il faut les retrancher l'une de l'autre pour avoir la latitude du point d'arrivée, qui, dans ce cas, prend la dénomination de la plus grande de ces deux quantités.

122. Après avoir trouvé la latitude d'arrivée, on l'ajoute avec celle du départ, et la moitié de cette somme donne la latitude du moyen parallèle, dans le cas où ces deux latitudes ont une même dénomination ; mais si l'une était nord et l'autre sud, on pourrait prendre le quart de la somme pour représenter la latitude du moyen parallèle.

123. On réduit les milles mineurs, c'est-à-dire ceux de l'Est ou de l'Ouest, en milles majeurs, suivant le procédé indiqué (117), en se servant de la latitude du moyen parallèle ; puis on convertit les milles majeurs en degrés et minutes pour avoir le changement en longitude, qui sera Est ou Ouest, suivant que les milles mineurs sont faits à l'Est ou à l'Ouest.

124. Si la longitude du point du départ et le changement en longitude ont une même dénomination, il faut en faire une somme, pour avoir la longitude d'arrivée, qui, dans ce cas, aura une même dénomination que la longitude du point du départ.

Si ces deux quantités sont de différentes dénominations, leur différence sera la longitude du lieu d'arrivée, qui prendra la même dénomination que la plus grande de ces deux quantités.

EXEMPLE Iᵉʳ.

On suppose être parti de 45° 35′ de latitude nord, et de 3° 45′ de longitude occidentale, et que l'on ait fait 25 lieues ou 75 milles au N O ¼ N.; on demande la latitude et la longitude d'arrivée.

Milles du nord..........	62,4		Milles de l'Ouest......		41,8
Chang. en latitude N..	1°	2′	Milles majeurs.........		61.
Latitude du départ N..	45°	35′	Chang. en long. O....	1°	1′
			Longit. du départ O..	3°	45′
Latitude d'arrivée N...	46°	37′			
Somme des latitudes...	92°	12′	Longit. d'arrivée O..	4°	46′
Latitude moyenne......	46°	6′			

EXPLICATION.

On a d'abord pointé la route comme il a été dit (119), ce qui a fait trouver 62 milles 4 dixièmes au Nord, et 41 milles 8 dixièmes à l'Ouest, qui ont été portés comme on le voit dans le type du calcul.

Les 62 milles 4 dixièmes du Nord, évalués en degrés et minutes, ont produit 1° 2′ de changement en latitude Nord.

Le changement en latitude a été ajouté avec la latitude du départ, pour obtenir la latitude d'arrivée, parce que ces deux quantités ont une même dénomination (121), ce qui a donné 46° 37′ de latitude nord (121).

On a fait une somme des deux latitudes, dont on a pris la moitié pour la latitude du moyen parallèle (122), qui a été trouvée de 46° 6′.

On a réduit les 41ᵐ,8 de l'Ouest en milles majeurs, en se servant de la latitude moyenne 46° 6′ et observant le procédé indiqué (117), ce qui a donné 61 milles majeurs, ou 1° 1′ de changement en longitude ouest.

Enfin, on a ajouté le changement en longitude avec la longitude du départ, pour avoir la longitude d'arrivée, parce que ces quantités ont une même dénomination ; ce qui a donné 4° 46′ pour la longitude d'arrivée (123).

EXEMPLE IIᵉ.

On est parti de 46° 8′ de latitude nord et de 5° 4′ de longitude occidentale ; on a fait, au SE ¼ S. 2° S., 60 lieues ou 180 milles ; on demande la latitude et la longitude du lieu de l'arrivée.

Réponse. $\left\{\begin{array}{l}\text{Latitude d'arrivée Nord.... } 43°\ 35'\\ \text{Longit. d'arrivée Ouest.... } 2°\ 5o'\end{array}\right.$

Exemple III°.

On est parti de 56° 14′ de latitude sud et de 2° 14′ de longitude occidentale ; on a couru 87 lieues ou 261 m lles au O $\frac{1}{4}$ SO 2° Ouest ; on demande la latitude et la longitude du lieu de l'arrivée.

Réponse. $\left\{\begin{array}{l}\text{Latitude d'arrivée Sud..... } 56°\ 15'\\ \text{Longit. d'arrivée Ouest.... } 10°\ 2'\end{array}\right.$

Exemple IVᵉ.

On est parti de 7° 14′ de latitude sud et de 2° 24′ de longitude orientale ; on a fait 25 lieues $\frac{2}{3}$ ou 77 milles au NO $\frac{1}{4}$ N. 5° Ouest ; on demande la latitude et la longitude du lieu de l'arrivée.

Réponse. $\left\{\begin{array}{l}\text{Latitude d'arrivée Sud..... } 6°\ 14'\\ \text{Longit. d'arrivée Est...... } 1°\ 35'\end{array}\right.$

Exemple Vᵉ.

On est parti de l'équateur et de 1° 14′ de longitude occidentale ; on a fait 87 lieues $\frac{2}{3}$ ou 263 milles au NE $\frac{1}{4}$ N. 2° Nord ; on demande la latitude et la longitude du lieu de l'arrivée.

Réponse. $\left\{\begin{array}{l}\text{Latitude d'arrivée Nord.... } 3°\ 44'\\ \text{Longit. d'arrivée Est...... } 1°\ 2'\end{array}\right.$

Exemple VIᵉ.

On est parti de 1° 18′ de latitude Nord et du premier méridien; on a fait 45 lieues ou 135 milles au Sud; on demande la latitnde et la longitude du lieu de l'arrivée.

Réponse. | Latitude d'arrivée Sud. . . .   0° 57′
Longitude d'arrivée. . . . . .   0° 0′

Exemple VIIᵉ.

On est parti de 8° 15′ de latitude sud et de 1° 25′ de longitude occidentale; on a fait 124 lieues ou 372 milles à l'Est; on demande la latitude et la longitude du lieu de l'arrivée.

Réponse. | Latitude d'arrivée Sud. . . .   8° 15′
Longit. d'arrivée Est. . . . . .   4° 51′

Du second Problème sur le Quartier de Réduction.

125. Connaissant le point du départ, le rumb de vent et la latitude du lieu de l'arrivée, on demande le chemin parcouru et la longitude d'arrivée.

Pour résoudre ce problème, il faut d'abord faire une somme des latitudes du départ et d'arrivée; si elles sont de différentes dénominations, le résultat sera le changement en latitude, qui, dans ce cas, aura la même dénomination que la latitude d'arrivée.

Si les deux latitudes ont une même dénomination,

il faut en prendre la différence pour avoir le changement en latitude, qui aura encore même dénomination que la latitude d'arrivée, si la latitude du lieu
de l'arrivée est plus forte que celle du point du départ ; mais si au contraire la latitude d'arrivée était
plus petite que celle du départ, le changement en
latitude prendrait une dénomination contraire à celle
du lieu de l'arrivée.

126. On réduit le changement en latitude en milles
ou en lieues, à raison de 60 ou de 20 au degré, ce
qui donne le chemin fait au Nord ou au Sud ; savoir :
au Nord, si le changement en latitude est Nord ; et
au Sud, dans le cas contraire.

127. On tend le fil sur le rumb de vent qui a été
suivi ; on compte le chemin trouvé soit au Nord ou
au Sud sur la ligne nord et sud du quartier ; par
le point où il se termine, on conduit une épingle parallèlement à la ligne est et ouest, jusqu'à la rencontre du fil, où l'on pose l'épingle.

Comptant les intervalles compris entre la ligne
nord et sud et l'épingle, on obtient le chemin fait à
l'Est ou à l'Ouest, suivant que la route proposée
tient de l'Est ou de l'Ouest.

Comptant de même les intervalles compris entre
les arcs, depuis le centre jusqu'au piquet, on aura le
chemin total, ou les milles de distance, observant ce
qui a été prescrit (114).

128. On fait une somme des deux latitudes du point du départ et de celui de l'arrivée, dont on prend la moitié, si elles sont de même dénomination, ou le quart, si elles sont de différentes dénominations, pour avoir la latitude du moyen parallèle.

129. On réduit les milles mineurs, c'est-à-dire ceux de l'Est ou de l'Ouest, en milles majeurs (117), en se servant de la latitude du moyen parallèle ; puis on convertit les milles majeurs en degrés et minutes, à raison de 60 milles au degré, ce qui donne le changement en longitude, qui sera Est ou Ouest, suivant que les milles mineurs seront faits à l'Est ou à l'Ouest.

130. Si le changement en longitude et la longitude du départ ont une même dénomination, il faut en faire une somme pour avoir la longitude d'arrivée, qui, dans ce cas, aura une même dénomination que la longitude du départ.

Si le changement en longitude et la longitude du départ ont une dénomination contraire, il faut retrancher l'une de ces deux quantités de l'autre ; la différence sera la longitude d'arrivée, qui sera de même dénomination que la plus forte de ces quantités.

EXEMPLE Ier.

On est parti de 48° 16′ de latitude nord et de 7° 18′ de longitude occidentale ; on a couru au SO $\frac{1}{4}$ O,

6

jusque par les $47° 30'$ de latitude aussi nord ; on demande la longitude du lieu de l'arrivée et le chemin.

Latitude du départ N..	48° 16'	Chemin total........	83ᵐ ou 27'⅔
Latitude d'arrivée N...	47° 30'	Milles de l'Ouest......	69.
		Milles majeurs.........	103.
Chang. en latitude Sud.	0° 46'	Chang. en long. Ouest	1° 43'
Milles faits au Sud.....	46.	Longit. du départ O.	7° 18'
Somme des latitudes..	95° 16'		
Latitude moyenne......	47° 53'	Longit. d'arrivée O...	9° 01'

EXPLICATION.

On a retranché les deux latitudes l'une de l'autre pour obtenir le changement en latitude , parce qu'elles sont toutes deux d'une même dénomination, ce qui a donné 0° 46' de changement en latitude sud , parce que la latitude d'arrivée nord est plus petite que celle du départ.

Les 46 minutes de changement en latitude sud, supposent que l'on a fait 46 milles au Sud.

On a calculé la latitude du moyen parallèle comme dans les exemples précédens, en prenant la moitié de la somme des deux latitudes.

Le chemin total et celui fait à l'Ouest ont été déterminés par le procédé indiqué (127).

Les milles mineurs, c'est-à-dire ceux de l'Ouest, ont été réduits en milles majeurs par la règle indiquée (117) ; et ceux-ci , évalués en degrés et minutes, ont produit 1° 43' de changement en longitude.

Enfin, on a ajouté le changement en longitude avec la longitude du départ, parce que ces deux quantités ont une même dénomination ; ce qui a donné la longitude d'arrivée de 9° 1′ Ouest.

EXEMPLE IIe.

On est parti de 39° 18′ de latitude nord, et de 5° 7′ de longitude orientale ; on a fait route au NE ¼ E. 1° Est, jusque par 41° 12′ de latitude nord ; on demande la longitude d'arrivée et le chemin.

Réponse. $\begin{cases} \text{Chemin.} \dots \dots \dots \dots 211^m \text{ ou } 70^l \frac{1}{3} \\ \text{Long. d'arrivée Est.} \dots \quad 8° 59′ \end{cases}$

EXEMPLE IIIe.

On est parti de 18° 14′ de latitude sud, et du premier méridien ; on a couru au SE ¼ Est 2° Est jusque par 19° 18′ de latitude aussi sud ; on demande la longitude du lieu de l'arrivée et le chemin.

Réponse. $\begin{cases} \text{Chemin} \dots \dots \dots \dots 122^m \text{ ou } 40^l \frac{2}{3} \\ \text{Long. d'arrivée Est.} \dots \quad 1° 49′ \end{cases}$

EXEMPLE IVe.

On est parti de 43° 18′ de latitude sud et de 5° 14′ de longitude occidentale ; on a couru au NNE. 1° N. jusque par 40° 54′ de latitude aussi sud ; on demande la longitude d'arrivée et le chemin.

Réponse. { Chemin . . . . 155ᵐ ou 51ˡ $\frac{2}{3}$
             Longit. d'arrivée Ouest. .   3° 58′

EXEMPLE Vᵉ.

On est parti de 1° 14′ de latitude nord et de 2° 4′ de longitude occidentale ; on a couru au SE 5° Est jusque par 1° 18′ de latitude sud ; on demande la longitude d'arrivée et le chemin.

Réponse. { Chemin . . . . 236ᵐ ou 78ˡ $\frac{2}{7}$
             Longit. d'arrivée Est. . .   0° 57′

EXEMPLE VIᵉ.

On est parti de 2° 1′ de latitude sud et de 7° 18′ de longitude orientale ; on a fait route au N $\frac{1}{4}$ NE 2° N. jusque par 0° 12′ de latitude nord ; on demande la longitude d'arrivée et le chemin.

Réponse. { Chemin . . . . 135ᵐ ou 45ˡ
             Longit. d'arrivée Est. .   7° 40′

EXEMPLE VIIᵉ.

On est parti de l'équateur et du premier méridien ; on a fait route au NNE 3° Est jusque par 2° 4′ de latitude nord ; on demande la longitude du lieu de l'arrivée et le chemin.

Réponse. { Chemin . . . . 137ᵐ ou 45ˡ $\frac{2}{3}$
             Longit. d'arrivée Est. . .   0° 59′

Du troisième **Problème** *sur le quartier de réduction.*

131. Connaissant le point du départ, la latitude
du lieu de l'arrivée et le chemin ; sachant d'ailleurs
entre quels rumbs de vents cardinaux la route a été
faite, on demande la longitude du point d'arrivée et
la route directe.

Pour résoudre ce problème sur le quartier de réduction, il faut d'abord faire une somme des latitudes du départ et d'arrivée, si elles sont de différentes
dénominations ; ce qui donnera le changement en latitude, qui, dans ce cas, aura une même dénomi-
tion que la latitude d'arrivée.

Mais si ces deux quantités ont une même dénomination, il faut en prendre la différence ; ce sera le
changement en latitude, lequel aura même dénomination que la latitude d'arrivée, si la latitude d'arrivée
est plus grande que celle du départ ; et si la latitude
d'arrivée était la plus petite, le changement en latitude prendrait une dénomination contraire à celle de
la latitude d'arrivée.

132. Après avoir trouvé le changement en latitude,
on le convertit en milles, à raison de 60 au degré. Le
résultat donne le chemin fait au Nord ou au Sud,
suivant que le changement en latitude est Nord ou
Sud.

133. On compte le chemin total sur les arcs de cercles, à partir du centre ; on compte les milles nord ou sud sur la ligne nord et sud, à partir aussi du centre ; et par le point où ils se terminent, on conduit une épingle parallèlement à la ligne est et ouest, jusqu'à la rencontre de l'arc sur lequel se termine le chemin total ; posant l'épingle en ce point de rencontre, et tendant le fil de manière à toucher le piquet, il indiquera la route qui aura été suivie. Cette route devra tenir des deux rumbs de vents cardinaux entre lesquels elle aura été faite.

La distance de la ligne nord et sud au piquet donnera les milles faits à l'Est ou à l'Ouest, c'est-à-dire les milles mineurs.

134. On fait une somme des deux latitudes du départ et de l'arrivée, de laquelle on prend la moitié, si elles sont d'une même dénomination, ou le quart si elles sont de différentes dénominations ; ce qui donnera la latitude du moyen parallèle.

135. On réduit les milles mineurs en milles majeurs, en se servant de la latitude du moyen parallèle.

Les milles majeurs réduits en degrés et minutes donnent le changement en longitude, qui prend la même dénomination que les milles faits à l'Est ou à l'Ouest.

136. On ajoute le changement en longitude avec la longitude du départ : si ces deux quantités ont

une même dénomination, la somme sera la longitude d'arrivée, qui, dans ce cas, aura une même dénomination que la longitude du départ; mais si ces deux quantités sont de différentes dénominations, leur différence sera la longitude d'arrivée qui prendra même dénomination que la plus grande de ces deux quantités.

EXEMPLE Ier.

On est parti de 47° 15′ de latitude nord, et de 6° de longitude occidentale; on a fait 31 lieues ou 93 milles entre le Nord et l'Ouest, et on s'est trouvé par 47° 45′ de latitude aussi Nord; on demande quel est le rumb de vent qui a été suivi, et la longitude du lieu de l'arrivée.

Latitude du départ N..	47° 15′	Route............ ONO.	3° 40′ O
Latitude d'arrivée N...	47° 45′	Milles de l'Ouest......	88.
		Milles majeurs.........	130.
Chang. en latitude N..	0° 30′	Chang. en longit. O.	2° 10′
Milles faits au N........	30.	Longit. du départ O.	6°
Somme des latitudes...	95° 0′	Longit. d'arrivée O.	8° 10′
Latitude moyenne......	47° 30′		

EXPLICATION.

On a retranché les deux latitudes l'une de l'autre pour avoir le changement en latitude que l'on a trouvé de 0° 30′ Nord (131); on a converti les 30′ de changement en latitude, en milles, ce qui a donné 3o milles au nord (132); on a déterminé la route ou le rumb de vent qui a été suivi par le procédé indiqué (133), et cette route est le ONO 3° 40′ Ouest. La même opération a fait connaître le chemin fait à l'Ouest de 88 milles.

On a fait une somme des deux latitudes des lieux du départ et de l'arrivée, de laquelle on a pris la moitié pour avoir la latitude du moyen parallèle, que l'on a trouvé de 47° 3o′ (134).

On a réduit les 88 milles d'Ouest en milles majeurs par le procédé indiqué (117), en se servant de la latitude du moyen parallèle, ce qui a donné 13o milles majeurs.

Enfin on a ajouté le changement en longitude avec la longitude du départ, d'après la règle (136), ce qui a donné la longitude d'arrivée 8° 1o′ Ouest ou occidentale.

Exemple IIe.

On est parti de   7° 8′ de latitude nord, et de 7° 18′ de longitude orientale; on a fait 34 lieues ou 1o2 milles entre le Sud et l'Ouest, et l'on s'est trouvé, d'après une observation, par 16° 2′ de latitude aussi nord; on demande la route qui a été suivie et la longitude du lieu de l'arrivée.

Réponse. | Route directe...... SO 4° 4o′ O.
Longit. d'arrivée Est. .   5° 57′

EXEMPLE III.

On est parti de 18° 15′ de latitude sud, et de 1° 23′ de longitude occidentale ; on a fait 48 lieues ⅓ ou 145ᵐ entre le Nord et l'Ouest, et l'on s'est trouvé par 16° 10′ de latitude aussi sud ; on demande la route qui a été suivie et la longitude du lieu de l'arrivée.

Réponse. { Route directe. . . . NO ¼ N 3° 15′ N.
{ Longit. d'arrivée Ouest. . 2° 40′

EXEMPLE IVᵉ.

On est parti de l'équateur, et de 2° 29′ de longitude occidentale ; on a fait 54 lieues ⅓ ou 163ᵐ entre le Nord et l'Est, et l'on s'est trouvé par 1° 17′ de latitude nord ; on demande le rumb de vent qui a été suivi et la longitude du lieu de l'arrivée.

Réponse. { Route directe . . ENE. . . 5° 30′ N.
{ Longit. d'arrivée ouest. . . 0° 5′

EXEMPLE Vᵉ.

On est parti de 1° 21′ de latitude nord et du premier méridien ; on a fait 86 lieues où 258 milles entre le Sud et l'Ouest ; l'on s'est trouvé par 0° 6′ de latitude sud ; on demande le rumb de vent que l'on a suivi et la longitude du lieu de l'arrivée.

Réponse. { Route directe. OSO. . 2° 45′ Ouest.
{ Long. d'arrivée O . . . 4° 3′

Exemple VIᵉ.

On est parti de 45° 12′ de latitude nord, et de 8° 54′ de longitude Est, et après avoir fait 26 lieues ⅔ ou 80 milles de chemin, on s'est trouvé par 43° 52′ de latitude aussi nord ; on demande la route qui a été suivie et la longitude du lieu de l'arrivée.

Réponse. { Route directe..... Sud.
{ Longitude d'arrivée Est.... 8° 54′

Du quatrième Problème sur le quartier de réduction.

137. Connaissant le point du départ du vaisseau et le lieu de l'arrivée, ou bien le point du départ et celui où l'on se propose de se rendre, on demande la route et le chemin qui conduit de l'un de ces points à l'autre.

Pour résoudre ce problème sur le quartier de réduction, il faut d'abord déterminer le changement en latitude, comme on l'a fait dans les deux problèmes précédens.

138. On réduit le changement en latitude en minutes que l'on compte pour autant de milles parcourus au Nord ou au Sud, suivant que le changement en latitude est Nord ou Sud.

139. Au moyen de la latitude du départ et de celle de l'arrivée, on trouve la latitude du moyen parallèle, en observant la règle qui a été indiquée dans les problèmes précédens.

140. On fait une somme des longitudes du départ et d'arrivée, si elles ont une dénomination différente, ce qui donne le changement en longitude, qui, dans ce cas, est de même dénomination que la longitude d'arrivée ; mais si les deux longitudes ont une même dénomination, il faut en prendre la différence qui sera le changement en longitude, lequel aura même dénomination que la longitude d'arrivée, si cette dernière longitude est plus grande que celle du départ ; mais si la longitude d'arrivée est plus petite, le changement en longitude aura une dénomination contraire à celle de la longitude d'arrivée.

Ce changement en longitude réduit en minutes comptera pour autant de milles majeurs.

141. On réduit les milles majeurs en milles mineurs par le procédé indiqué (118), en se servant de la latitude moyenne.

Les milles mineurs représenteront le chemin fait à l'Est ou à l'Ouest, suivant que le changement en longitude sera Est ou Ouest.

142. Pour trouver la route directe et le chemin, il faut compter les milles du Nord ou du Sud sur la ligne nord et sud du quartier, à partir du centre ; puis, du point où ils se terminent, on compte les milles de l'Est ou de l'Ouest, sur une parallèle à la ligne Est et Ouest, ce qui donne un point où l'on pose une épingle.

Tendant le fil le long de l'épingle, il indiquera la route directe, en faisant attention qu'elle doit tenir des rumbs de vents cardinaux indiqués par les changemens en latitude et en longitude.

Puis, comptant depuis le centre jusqu'à l'épingle, on aura le chemin total en milles, que l'on peut ensuite convertir en lieues, si l'on veut.

EXEMPLE Ier.

On est parti de 43° 25′ de latitude nord, et de 4° 1′ de longitude occidentale, pour se rendre en un lieu situé par 46° 28′ de latitude aussi nord, et par 4° 15′ de longitude occidentale ; on demande quelle est la route directe que l'on doit suivre, et le chemin ou la distance.

Latitude du départ N..	43° 25′	Longit. du départ O...	4° 1′
Latitude d'arrivée N...	46° 28′	Longitude d'arrivée O.	4° 15′
Chang. en latitude N..	3° 3′	Chang. en longitude O.	0° 14′
Milles du Nord..........	183.	Milles majeurs..........	14.
		Milles mineurs..........	10.
Sommes des latitudes..	89° 53′	Route directe............	N 3° O.
Latitude moyenne......	44° 56′	Chemin .... 183m,3 ou 61l$\frac{7}{10}$

EXPLICATION.

On a retranché les deux latitudes l'une de l'autre pour avoir le changement en latitude, que l'on a trouvé de 3° 3′ Nord (137).

On a converti les 3° 3′ de changement en lati-

tude, en milles; ils ont donné 183 milles au Nord
(138).

On a fait une somme des deux latitudes, de laquelle on a pris la moitié pour représenter la latitude du moyen parallèle, que l'on a trouvée de 44° 56′ ½.

On a retranché les deux longitudes du départ et de l'arrivée l'une de l'autre, comme étant d'une même dénomination, ce qui a donné 0° 14′ de changement en longitude Ouest (140), qui, réduits en milles, ont produit 14 milles majeurs.

On a réduit les 14 milles majeurs en milles mineurs par le procédé indiqué (118), ce qui a donné 10 milles à l'Ouest.

On a compté les milles Nord et ceux de l'Ouest, sur le quartier, de la manière qui a été expliquée (142), pour déterminer la route directe que l'on a trouvée Nord 3° Ouest et le chemin 183^m,3.

Exemple IIe.

On est parti de 19° 27′ de latitude nord, et de 9° 33′ de longitude orientale, pour se rendre en un lieu situé par 19° 9′ de latitude aussi nord, et par 10° 14′ de longitude orientale; on demande quelle est la route directe qu'il faut suivre et le chemin.

Réponse. { Route directe...... ESE 2° 30′ S.
Chemin........... 43^m ou 14^l ⅓

Exemple IIIᵉ.

On est parti de 56° 12′ de latitude sud et du premier méridien ; on est arrivé par 55° 10′ de latitude et par 2° 16′ de longitude orientale ; on demande la route directe qui a été suivie et le chemin.

Réponse. { Route directe...... NE¼E 5° 15′ N.
{ Chemin......... 99ᵐ ou 33ˡ

Exemple IVᵉ.

On est parti de 1° 13′ de latitude sud et de 1° 18′ de longitude occidentale, pour se rendre en un lieu situé par 1° 26′ de latitude nord, et sous le premier méridien ; on demande quelle est la route directe que l'on doit suivre, et la distance de ces lieux.

Réponse. { Route........... NNE 3° 40′ E.
{ Chemin......... 177ᵐ ou 59ˡ

Exemple Vᵉ.

On est parti de l'équateur et de 7° 18′ de longitude orientale ; on veut se rendre en un lieu situé par 2° 6′ de latitude sud et par 6° 24′ de longitude aussi orientale ; on demande la route directe qu'il faut suivre et le chemin.

Réponse. { Route directe...... SSO 0° 40′ O.
{ Chemin.......... 137ᵐ ou 45ˡ⅔

Exemple VI.

On est parti de 43° 18′ de latitude nord et de 1°
24′ de longitude orientale ; on est arrivé par 43°
18′ de latitude aussi nord, et par 0° 36′ de longitude occidentale ; on demande quelle est la route
directe qui a été suivie et le chemin.

Réponse. { Route directe. . . . . Ouest.
Chemin. . . . . 87ᵐ ou 29ˡ

Exemple VIIᵉ.

On est parti de 2° 6′ de latitude nord et de 7° 14′
de longitude orientale ; on est arrivé par 1° 19′ de
latitude sud et par 7° 14′ de longitude orientale ; on
demande la route directe qui a été suivie et le chemin que l'on a fait.

Réponse. { Route directe. . . . . . . Sud.
Chemin. . . . . 205ᵐ ou 68ˡ⅓

*Du premier Problème à plusieurs routes sur le
quartier.*

143. Pour résoudre ce problème, il faut former
quatre colonnes, au haut desquelles on écrira : *Nord,
Sud, Est, Ouest;* puis pointer ou réduire chacune
des routes comme il a été expliqué (119), et porter
le chemin fait au Nord, au Sud, à l'Est et à l'Ouest
dans leurs colonnes respectives.

On fait une somme des chemins qui se trouvent dans chaque colonne, puis on prend la différence entre les lieues faites au Nord et au Sud, en retranchant la plus petite de ces deux quantités de la plus grande, l'on obtient des milles restans au Nord ou au Sud.

Dans le cas où il n'y aurait de chemin qu'à l'un de ces rumbs de vents, l'on n'aurait pas de soustraction à faire.

144. On réduit les milles restans au Nord ou au Sud en degrés et minutes, à raison de 60 milles au degré, ce qui donne le changement en latitude, qui prend la dénomination Nord, si les milles restans sont au Nord, et Sud dans le cas où le chemin restant est au Sud.

S'il n'y a pas eu de soustraction faite, le changement en latitude doit prendre la dénomination des milles trouvés au Nord ou au Sud.

145. Si la latitude du départ et le changement en latitude sont de même dénomination, il faut en faire une somme qui représentera la latitude du lieu de l'arrivée, qui, dans ce cas, doit avoir la même dénomination que la latitude du départ; mais si la latitude du départ et le changement en latitude ont une dénomination différente, il faut en prendre la différence qui sera la latitude d'arrivée; elle prendra la même dénomination que la plus grande de ces deux quantités.

146. Après avoir trouvé la latitude du point d'arrivée, il faut l'ajouter avec celle du départ, et en prendre la moitié, si elles sont d'une même dénomination, ou le quart, si elles ont différentes dénominations ; ce qui donnera la latitude du moyen parallèle.

147. On prend la différence entre les milles faits à l'Est et ceux de l'Ouest, en retranchant la plus petite de ces deux quantités de l'autre, le reste donne les milles mineurs faits à l'Est ou à l'Ouest, suivant que le chemin fait à l'Est est le plus fort ou le plus faible.

148. On réduit les milles mineurs en milles majeurs, en se servant de la latitude du moyen parallèle, par le procédé indiqué (117).

On réduit les milles majeurs en degrés et minutes, à raison de 60 milles au degré, ce qui donne le changement en longitude, qui aura même dénomination que les milles restans à l'Est ou à l'Ouest.

149. Si le changement en longitude et la longitude du départ ont une même dénomination, il faut en faire une somme pour avoir la longitude d'arrivée ; qui, dans ce cas, sera de même dénomination que la longitude du départ. Mais si la longitude du départ et le changement en longitude ont différentes dénominations, il faut en prendre la différence, qui sera la

7

longitude d'arrivée ; elle prendra la même dénomination que la plus grande de ces deux quantités.

150. Pour déterminer la route directe et le chemin, il faut compter les milles restans du Nord ou du Sud, sur la ligne nord et sud du quartier, à partir du centre ; puis, à partir du point où ils se terminent, on compte les milles restans à l'Est ou à l'Ouest, en conduisant le piquet suivant une ligne parallèle à la ligne est et ouest ; on pose une autre épingle au point où ils se terminent, et tendant le fil contre la dernière épingle, elle indiquera la route directe, qui doit tenir des deux rumbs de vents cardinaux sur lesquels se trouvent les chemins restans. La distance du centre à l'épingle, étant comptée par les arcs de cercles, donne le chemin total.

EXEMPLE Iᵉʳ.

On est parti de 39° 20′ de latitude nord, et de 25° de longitude orientale ; on a couru aux routes suivantes (lesquelles sont corrigées de la dérive et de la variation). les différens chemins que l'on trouve vis-à-vis chacune ; on demande le point d'arrivée, c'est-à-dire la latitude et la longitude du lieu de l'arrivée, ainsi que la route en ligne droite et le chemin.

Les routes sont :		N.	S	E.	O.
Le NE 5° 15' Est..... 5¹ ou 15^m		9^m.6	.	11^m.5	.
N ½ NE 4° 45' Est. 12 36		34.6	.	9.9	.
E ¼ SE............. 13⅔ 41		....	8	40.2	.
N ¼ NE 4°15'N.. 9 27		26.8	.	3.3	.
		71.0 8	8	64.9	0
Milles restans au Nord et à l'Est.		63	.	64.9	.

Milles au Nord......... 63,0   Milles à l'Est........... 64,9

Chang. en latitude N.. 1° 3'   Milles majeurs......... 84,5

Latitude du départ N.. 39° 20'   Chang. en longit Est... 1° 24'½

Latitude d'arrivée N... 40° 23'   Longit. du départ. Est 25°

Sommes des latitudes. 79° 43'   Longit. d'arrivée Est.. 26° 24'½

Latitude moyenne...... 39° 51'½

Route directe, le NE 1° Est.
Chemin, 90^m,5 ou 30¹ ⅙.

EXPLICATION.

On écrit toutes les routes avec le chemin fait à chacune ; à côté on a formé quatre colonnes destinées à mettre les chemins faits aux quatre rumbs de vents cardinaux.

On a pointé ou réduit chacune des routes par le procédé indiqué (119), et l'on a porté les milles que chacune a donnés aux rumbs de vents cardinaux, dans leurs colonnes respectives.

Après avoir fait une somme des milles parcourus au Nord, et une somme de ceux faits au Sud, on a

7 *

retranché la dernière somme de la première ; il en est résulté 63 milles de reste au Nord.

On a réduit les 63 milles du Nord en degrés et minutes, lesquels ont donné 1° 3' de changement en latitude nord (144).

On a ajouté le changement en latitude 1° 3', avec la latitude du départ, pour obtenir la latitude d'arrivée, qui a été trouvée de 40° 23' Nord (145).

On a fait une somme des deux latitudes du départ et d'arrivée, dont on a pris la moitié pour représenter la latitude du moyen parallèle ; elle a été trouvée de 39° 51' $\frac{1}{2}$.

On a réduit les 64 milles 9 dixièmes de l'Est en milles majeurs, en se servant de la latitude du moyen parallèle ; suivant le procédé indiqué (117) ; ce qui a donné 84,5 milles majeurs, lesquels réduits en degrés et minutes ont donné 1° 24' $\frac{1}{2}$ de changement en longitude Est (148).

On a ajouté le changement en longitude avec la longitude du départ (149), pour avoir la longitude d'arrivée, qui a été trouvée de 26° 24' $\frac{1}{2}$ Est.

Enfin on a déterminé la route directe et le chemin, par le procédé indiqué (150) ; on a trouvé pour rumb de vent le NE 1° Est, et le chemin de 90^m,5 ou 30^l $\frac{1}{6}$.

EXEMPLE IIe.

On est parti de 45° 19' de latitude nord, et de 3°

45' de longitude occidentale ; on a couru aux routes
suivantes ; savoir :

Au NNE 2° Nord................	21^l ou	63^m
NE 1° Est..................	8 $\frac{1}{2}$	25,5
NE $\frac{1}{4}$ E 5° Est..............	14 $\frac{1}{3}$	43
E $\frac{1}{4}$ NE..................	3 $\frac{1}{3}$	10

On demande la latitude et la longitude du lieu
de l'arrivée, la route directe et le chemin.

Réponse.
- Latitude d'arrivée Nord... 46° 59′
- Longitude d'arrivée O. ... 1° 38′
- Route directe........ NE 3° 15′ N.
- Chemin.......... 44^l ou 132^m

EXEMPLE IIIe.

On est parti de 27° 18′ de latitude nord, et de
17° 45′ de longitude orientale ; on a fait à

L'Est $\frac{1}{4}$ SE 2° Sud.............	49^l ou	147^m
SE $\frac{1}{4}$ E 1° Est..............	6 $\frac{1}{4}$	19,5
Est.....................	5 $\frac{1}{3}$	16
NE 3° 45′ Est..............	13 $\frac{2}{3}$	40
Sud...................	8	24
ESE 1° Est..............	3 $\frac{2}{3}$	11

On demande la latitude et la longitude du lieu de
l'arrivée, la route directe et le chemin.

Réponse.
- Latitude d'arrivée N...... 26° 32′
- Longit. d'arrivée Est..... 21° 47′
- Route directe E $\frac{1}{4}$ SE.... 0° 45′ S.
- Chemin.......... 74^l ou 222^m

EXEMPLE IVᵉ.

On est parti de 17° 26′ de latitude sud et du premier méridien ; on a fait les routes suivantes :

N $\frac{1}{4}$ NE 3° 30′ Est. . . . . 7 ^{1} ou 21^m
Nord. 8   24
N $\frac{1}{4}$ NO 5° Nord. . . . . 5 $\frac{1}{2}$ 16,5
NO $\frac{1}{4}$ O 3° Ouest . . . . 17 $\frac{1}{2}$ 52,5
E $\frac{1}{4}$ SE 1° Est. . . . . 12 $\frac{1}{3}$ 37
Est. 4   12

On demande la latitude et la longitude du lieu de l'arrivée, la route directe et le chemin.

$$\textit{Réponse.}\begin{cases} \text{Latitude d'arrivée Sud. . . .} & 16° \;\; 5′ \\ \text{Longit. d'arrivée Est. . . . .} & 0° \;\; 7′ \\ \text{Route directe Nord. . . . . .} & 5° \qquad \text{E.} \\ \text{Chemin. . . . .} & 27^l \text{ ou } 81^m \end{cases}$$

EXEMPLE Vᵉ.

On est parti de 1° 24′ de latitude nord, et de 3° 19′ de longitude occidentale ; on a fait au

N $\frac{1}{4}$ NO 3° Ouest. . . . . 43^l ou 129^m
OSO 1° Sud. 7   21
O $\frac{1}{4}$ NO 5° Nord. . . . . 23 $\frac{1}{2}$ 70,5
NE $\frac{1}{4}$ N 1° Est. 30   90

On demande la latitude et la longitude du lieu de l'arrivée, la route directe et le chemin.

$$\textit{Réponse.}\begin{cases} \text{Latitude d'arrivée Nord. . .} & 4° \, 54′ \\ \text{Longitude d'arrivée O. . . .} & 4° \, 27′ \\ \text{Route directe. . . . . . .} & \text{NNO } 5° \, 30′ \, \text{N.} \\ \text{Chemin . . . .} & 73^l \tfrac{2}{3} \text{ ou } 221^m \end{cases}$$

EXEMPLE VIᵉ.

On est parti de l'équateur et du premier méridien;
on a fait les routes suivantes ; savoir :

Au NO $\frac{1}{4}$ N 2° Nord. . . . . 36ˡ ou 108ᵐ
   NE $\frac{1}{4}$ N 2° Nord. . . . . 24 $\frac{1}{2}$ 73,5
   Est. 10   3o
   Nord. 8   24
   Ouest. 10   3o
   Sud. 4   12
   NE $\frac{1}{4}$ N 2° Nord. . . . . 11 '   34,5

On demande la latitude et la longitude d'arrivée,
la route directe et le chemin.

           ⎰ Latitude d'arrivée Nord. . .   3° 16′
           ⎪ Longitude d'arrivée. . . . . .   0° 0′
Réponse. ⎨ Route . . . .   Nord.
           ⎩ Chemin . . . . 65ˡ $\frac{2}{3}$ ou 196ᵐ

EXEMPLE VIIᵉ.

On est parti de 23° 37′ de latitude Nord, et de
7° 18′ de longitude occidentale, on a fait à

L'ESE 4° Sud. . . . . 28ˡ ou 84ᵐ
   N $\frac{1}{4}$ NE 1° Est. 16   48
   S $\frac{1}{4}$ SO 1° Ouest. 16   48
   ONO 4° Nord. 39   117
   ESE 4° Sud. 11   33

On demande la latitude et la longitude du lieu
de l'arrivée, la route directe et le chemin.

Réponse.

On est arrivé au point d'où l'on est parti.

De l'Ecliptique. Du mouvement annuel du Soleil. Conséquen-
ces qui résultent de ce mouvement. Différence du Jour vrai
au Jour moyen. Distinction des Années communes et des
Années bissextiles. Epoques des quatre Saisons.

151. Le soleil, outre son mouvement diurne, en vertu duquel
il décrit, chaque jour, comme tous les autres astres , un cercle
parallèle à l'équateur, a encore un mouvem ent qui se fait dans
un grand cercle qui coupe l'équateur sous un angle de 23° 28'

152. Ce second mouvement du soleil, que l'on appelle mouvement annuel, n'est, comme le premier, qu'un mouvement
apparent, et provient encore de celui de la terre qui parcourt
en 365j 5ʰ 48ᵐ 48ˢ un cercle incliné à l'équateur de 23° 28'. Ce
cercle s'appelle l'*Ecliptique ;* mais il résulte de ce mouvement
les mêmes effets que si le soleil décrivait l'écliptique dans le
tems que la terre met à y faire sa révolution. Nous nous énou-
cerons donc encore comme si ce mouvement appartenait au
soleil.

153. Le soleil parcourt donc l'écliptique en 365j 5ʰ 48ᵐ 48ˢ.
Le tems de cette révolution est ce que l'on appelle *année*. Le
sens dans lequel le soleil parcourt ce cercle est celui de l'Ouest
à l'Est, c'est-à-dire , en sens contraire du mouvement diurne.

154. Les points où l'écliptique coupe l'équateur s'appellent les
points *équinoxiaux ;* et les points de l'écliptique qui sont à 90°
ou un quadrans des points équinoxiaux, s'appellent points *solsti-*
ciaux.

155. Le mouvement du soleil dans l'écliptique n'est pas uniforme , c'est-à-dire qu'il ne parcourt pas les mêmes arcs dans

les mêmes intervalles de tems ; mais la différence journalière est très-petite, et la quantité moyenne dont il s'y avance chaque jour est de 59 minutes 8 secondes ; quantité que l'on trouve en divisant 360 degrés par 365j. 5^h 48^m 48^s.

156. Le soleil en parcourant l'écliptique change continuellement de position dans la sphère céleste, et de situation à l'égard des étoiles qui sont fixes ; en sorte que s'il passait un jour au méridien au même instant qu'une étoile, il n'y passerait le lendemain qu'après cette étoile, puisque dans l'espace de 24 heures le soleil aurait rétrogradé vers l'Est par son mouvement annuel ; et comme l'écliptique est inclinée à l'équateur, le soleil doit encore, en décrivant le premier de ces deux cercles, s'écarter et s'approcher alternativement des pôles, et avoir des hauteurs différentes au-dessus de l'horizon d'un lieu lors de son passage au méridien de ce lieu. C'est aussi ce que nous avons occasion d'observer tous les jours ; et c'est d'après ces observations et celles du retard journalier du passage du soleil au méridien à l'égard d'une étoile, qu'on a été fondé à conclure que le soleil avait un mouvement dans un cercle incliné à l'équateur, duquel résultaient les deux mouvemens dont nous venons de parler.

157. La quantité dont le soleil s'avance chaque jour vers l'Est à l'égard d'une étoile, n'est pas constamment la même ; cette inégalité vient de deux causes : la première, de ce que le soleil ne décrit pas chaque jour le même arc dans l'écliptique ; et la seconde, qui seule suffirait, provient de ce que les méridiens qui diviseraient l'écliptique en parties égales, ne partageraient pas l'équateur en arcs égaux ; en sorte que quand même le soleil avancerait chaque jour de la même quantité dans l'écliptique, la partie correspondante sur l'équateur qui représenterait son mouvement vers l'Est, ne serait pas la même ; mais la quantité moyenne dont il s'avance chaque jour vers l'Est, dans le sens même de l'équateur, est aussi de 59 minutes 8 secondes.

158. Nous avons déjà dit que la longueur du jour était déterminée par l'intervalle de tems qui s'écoule entre deux passages consécutifs du soleil au méridien. Ce jour est ce que l'on appelle le *jour vrai*. On pourrait encore dire que le jour vrai est composé de l'intervalle qui s'écoule entre deux passages consécutifs d'une étoile au méridien, plus du tems que le soleil met à parcourir, dans son mouvement diurne, la quantité dont il s'est avancé vers l'Est par son mouvement annuel.

159. Comme le tems de la révolution d'une étoile, ou autrement le tems qui s'écoule entre deux passages consécutifs d'une étoile au méridien, est toujours le même, et que la quantité dont le soleil avance vers l'Est change ou varie, il est évident que les jours vrais ne sont pas égaux.

160. Le *jour moyen* est composé du tems qui s'écoulerait entre deux passages consécutifs du soleil au méridien, s'il avançait chaque jour d'une même quantité vers l'Est; ou autrement, il est composé du tems de la révolution d'une étoile, plus du tems que le soleil met à parcourir, dans son mouvement diurne la quantité moyenne dont il avance chaque jour vers l'Est, en vertu de son mouvement annuel. C'est le tems que doit marquer une horloge bien réglée.

161. D'après ces définitions, il est évident que le jour vrai est quelquefois plus grand et quelquefois plus petit que le jour moyen. La différence entre ces deux jours est toujours petite, mais en s'accumulant elle peut donner une différence de 16 minutes 10 secondes entre le tems vrai et le tems moyen.

Cette différence entre le tems vrai et le tems moyen est ce que l'on appelle *équation du tems*.

162. Le tems que le soleil met à parcourir l'écliptique fixe la grandeur de l'année. L'année est donc de 365j 5^h 48^m 48^s; mais afin qu'elle commence toujours avec le jour, on est convenu de la compter trois années de suite de 365 jours seulement, et pour

compenser la fraction de jour qui a été négligée dans chacune, on compte la quatrième année de 366 jours. Mais comme cette correction, qui n'est pas exacte, laisserait une erreur qui au bout d'un nombre de siècles deviendrait sensible, on est encore convenu que, pendant trois siècles de suite, la centième année ne serait que de 365 jours, et qu'à la fin du quatrième siècle elle serait de 366 jours.

Les années de 365 jours s'appellent *années communes*, et celles qui ont 366 jours s'appellent *années bissextiles*.

163. On conçoit l'écliptique partagée en douze parties égales, dont chacune contient 3o degrés : on les appelle *signes ;* ces signes ont reçu les noms latins et français suivans. On les désigne aussi par les caractères que l'on voit vis-à-vis les noms.

Aries.	Le Bélier.	♈	Signes Septentrionaux.
Taurus.	Le Taureau.	♉	
Gemini.	Les Gémeaux.	♊	
Cancer.	L'Écrevisse.	♋	
Leo.	Le Lion.	♌	
Virgo.	La Vierge.	♍	
Libra.	La Balance.	♎	Signes Méridionaux.
Scorpius.	Le Scorpion.	♏	
Arcitenens.	Le Sagittaire.	♐	
Caper.	Le Capricorne.	♑	
Amphora.	Le Verseau.	♒	
Pisces.	Les Poissons.	♓	

Les six premiers signes occupent la partie de l'écliptique qui est dans l'hémisphère nord, et les six autres celle qui est dans l'hémisphère sud.

164 Le commencement du signe du Bélier répond au point équinoxial par lequel le soleil passe en entrant dans l'hémisphère nord, ce qui arrive vers le 22 mars ; c'est en ce moment que commence la saison que l'on appelle le *Printemps*.

165. L'*Eté* commence le 22 ou 23 juin, lorsque le soleil entre

au premier point du signe de l'Ecrevisse, ou quatrième signe.

166. L'*Automne* commence à l'époque de l'entrée du soleil au premier point de la Balance, qui est le septième signe : ce qui arrive le 22 ou 23 septembre.

167. L'*Hiver* commence à l'entrée du soleil au signe du Capricorne, qui arrive environ le 22 décembre.

168. L'arc de l'écliptique que le soleil a parcouru depuis son passage au premier point du Bélier, c'est-à-dire depuis le commencement du printemps, s'appelle sa *longitude*. Elle se compte en signes, degrés et minutes, dans le sens du mouvement annuel du soleil, c'est-à-dire de l'Ouest à l'Est jusqu'à 360 degrés.

169. Si l'on observe les effets qui résultent du mouvement du soleil dans l'écliptique, on apercevra, 1°. que le jour où il entre au premier point du Bélier, il décrit, par son mouvement diurne, l'équateur même. Il se lève donc précisément à l'Est, se couche à l'Ouest ; il est autant de tems au-dessus de l'horizon qu'au-dessous, et le jour sera par conséquent égal à la nuit par toute la terre ; 2°. A mesure qu'il avance dans l'écliptique, il décrit des cercles parallèles à l'équateur, qui s'en éloignent chaque jour pendant l'espace de 3 mois, c'est-à-dire jusqu'à l'époque à laquelle il parvient au point solsticial d'été ; arrivé là, son mouvement diurne se fait dans un parallèle éloigné de l'équateur, dans l'hémisphère nord, de 23° 28' ; 3°. à partir de ce point il se rapproche de l'équateur jusqu'à l'instant de son passage au point équinoxial d'automne, jour auquel il fait encore sa révolution diurne dans l'équateur même ; 4°. il passe ensuite dans l'hémisphère sud, et s'éloigne chaque jour de l'équateur jusqu'au moment où il parvient au point solsticial d'hiver ; alors il décrit un parallèle distant de l'équateur dans l'hémisphère sud, de 23° 28' ; 5°. que passé ce terme il se rapproche de l'équateur, qu'il n'atteint qu'à l'époque du printemps, en achevant sa révolution dans l'écliptique.

170. Si nous supposons un observateur situé entre les pôles et l'équateur, il est évident qu'il n'aura que deux jours de l'année qui seront égaux aux nuits, savoir : à l'époque du printemps et de l'automne, c'est-à-dire, les jours où le soleil fera sa révolution diurne dans l'équateur ; car les parallèles étant inclinés à l'horizon, seront tous coupés par cet horizon en deux parties d'autant plus inégales, que ces parallèles seront plus éloignés de l'équateur; d'où il résulte que les jours les plus longs et les jours les plus courts arriveront quand le soleil passera par les points solsticiaux ; savoir : les plus longs quand le soleil sera dans le point solsticial qui est dans le même hémisphère que l'observateur, et les plus courts, quand il sera dans l'hémisphère opposé. En sorte que si l'observateur est dans l'hémisphère nord, il aura les plus longs jours au solstice du Cancer, et les plus courts à celui du Capricorne.

171. Si l'observateur était situé sur l'équateur, son horizon couperait l'équateur et tous les parallèles à angles droits et en deux parties égales ; par conséquent, il aurait les jours égaux aux nuits pendant toute l'année.

172. Si l'observateur était à l'un des pôles, son horizon se confondrait avec l'équateur, et le soleil serait visible pour lui pendant les six mois qu'il mettrait à parcourir la partie de l'écliptique qui serait dans le même hémisphère que l'observateur, et les six autres mois il serait invisible ; en sorte qu'il n'aurait dans l'année qu'un jour et une nuit de six mois chacun.

173. La durée des jours pour un observateur situé en un point de la surface de la terre, ou, ce qui est la même chose, la durée des jours pour le lieu où est placé cet observateur, dépend de deux choses; savoir : de la distance du soleil à l'équateur céleste et de la distance du lieu où est l'observateur à l'équateur terrestre, c'est-à-dire de la latitude. Plus la latitude du lieu sera grande,

et plus en même tems la distance du soleil à l'équateur sera
grande, plus les jours seront longs pour l'observateur qui sera
dans le même hémisphère que le soleil ; et plus au contraire ils
seront courts pour l'observateur qui sera dans l'hémisphère
opposé à celui où est cet astre.

174. Les jours les plus longs auront donc lieu pour tous ceux
qui sont dans l'hémisphère nord quand le soleil sera au point
solsticial du Cancer ; et les plus courts auront lieu quand il sera
au point solsticial du Capricorne.

Des Cercles qui répondent aux différentes époques du mouvement annuel du soleil.

175. Les cercles que le soleil décrit les jours solsticiaux, par
son mouvement diurne, s'appellent les *Tropiques*. Les tropiques sont donc deux petits cercles parallèles à l'équateur, qui
en sont éloignés chacun de 23° 28'.

176. Le tropique qui est dans l'hémisphère nord s'appelle
tropique du Cancer ou *de l'Ecrevisse*, parce qu'il passe par
le premier point de ce signe ; et l'autre s'appelle *tropique du
Capricorne*, parce qu'il passe par le premier point du signe
du Capricorne.

177. Si l'on conçoit deux petits cercles parallèles à l'équateur et distans des pôles de 23° 28', ces cercles seront ceux que
l'on appelle *cercles polaires*.

Celui qui est dans l'hémisphère Nord s'appelle cercle polaire
arctique, et l'autre antarctique.

178. Les tropiques et les cercles polaires divisent la surface
de la terre en cinq bandes circulaires que l'on appelle *Zones*.
Celle comprise entre les deux tropiques s'appelle zone torride
ou brûlée. Les surfaces comprises entre les tropiques et les cercles polaires s'appellent zones tempérées, et les surfaces com-

prises entre les cercles polaires et les pôles s'appellent zones glaciales.

179. Si l'on conçoit deux grands cercles perpendiculaires à l'équateur, l'un passant par les points équinoxiaux, et l'autre par les points solsticiaux, on aura les deux *Colures*. Le premier s'appelle colure des équinoxes, et l'autre colure des solstices.

Des Etoiles fixes et des Planètes.

180. On appelle *Etoiles* les corps célestes lumineux qui conservent toujours les mêmes positions respectives.

181. On appelle *Constellation* un assemblage d'étoiles auquel on donne un nom commun ; tel que : le grand Chariot, Cassiopée, le Taureau, etc.

182. Les *Planètes* sont des corps célestes opaques, qui ont un mouvement qui leur est particulier ; elles font ce mouvement autour du soleil en plus ou moins de tems, suivant qu'elles sont plus ou moins éloignées de cet astre.

183. Il y a onze planètes qui sont :

Herschell................ ♅

Saturne................. ♄

Jupiter................. ♃

Mars................... ♂

La Terre............... ♁   Les caractères que l'on

Vénus.................. ♀   trouve vis-à-vis les noms,

Mercure................ ☿   sont ceux qui servent à les

Vesta.................. ⚶   représenter.

Junon.................. ⚵

Cérès.................. ⚳

Pallas................. ⚴

Et la Lune, satellite de la terre.

184. Les cercles que les planètes décrivent, et que l'on appelle leurs *orbites*, font presque tous de très-petits angles

avec l'écliptique (1), puisque le plus grand angle, qui est celui que forme avec ce cercle l'orbite de Vénus, n'est que d'environ 8 degrés. C'est pour cette raison qu'on a imaginé une zone qui s'étend de 8 degrés de chaque côté de l'écliptique, pour renfermer les orbites de toutes les planètes. Cette zone s'appelle le *Zodiaque*.

Du Mouvement de la Lune.

185. La Lune n'est qu'une planète secondaire, parce qu'elle est assujettie à faire sa révolution autour de la Terre, qui est une planète; mais, comme son mouvement intéresse plus particulièrement que celui des planètes mêmes, nous nous en occuperons de préférence.

Le mouvement propre de la lune se fait dans un cercle incliné à l'écliptique d'environ 5 degrés $\frac{1}{3}$. Elle le parcourt en 27 jours $\frac{1}{4}$ environ, de l'Ouest à l'Est; en sorte que si la lune répondait à une étoile, elle s'en éloignerait chaque jour du côté de l'Est, d'une quantité égale, à-peu-près, à 360 divisés par 27 jours $\frac{1}{4}$; c'est-à-dire qu'elle s'en écarterait de 13 degrés et quelques minutes : c'est la quantité moyenne dont la lune avance chaque jour dans son orbite.

Le tems que la lune met à faire sa révolution à l'égard d'une étoile, ou d'un point fixe du ciel, s'appelle *sa révolution périodique*.

186. Le tems que la lune met à faire sa révolution à l'égard du soleil est plus long; car, en supposant que la lune, le soleil et une étoile répondissent un jour à un même point du ciel, le lendemain la lune serait écartée de l'étoile, dans l'Est, d'en-

---

(*) La planète découverte en 1802, par M. Olbers, fait exception, car l'angle de son orbite avec l'écliptique va à 34 degrés.

viron 15°, par l'effet de son mouvement propre (185); le soleil
se serait aussi écarté de l'étoile, vers l'Est, par son mouvement
propre, de 59′ 8″; la lune ne se serait donc écartée du soleil
que de douze degrés et quelques minutes, en sorte qu'elle doit
mettre environ 29 jours $\frac{1}{2}$ pour rétrograder ainsi, par rapport au
soleil, de 360 degrés, c'est-à-dire pour se retouver au même
lieu que cet astre. Le tems de cette révolution de la lune à
l'égard du soleil s'appelle *mois synodique*, ou lunaison.

Des phases de la Lune, et des Eclipses.

187. La Lune, qui est un corps opaque, ne peut nous éclairer
que lorsqu'elle est dans une position propre à nous réfléchir la
lumière qu'elle reçoit du soleil, ce qui n'arrive que quand son
hémisphère ou disque éclairé (c'est-à-dire celui qui est tourné
vers le soleil), fait aussi face à la terre, ou est au moins tourné
en partie vers la terre.

188. Lorsque la lune répond au même point du ciel que le
soleil, lorsqu'elle est en N (fig. 27), elle se trouve entre nous
et cet astre (puisqu'elle est plus près de la terre que n'en est
le soleil), et ne présente à la terre que le disque qui est dans
l'ombre; par conséquent on ne peut l'apercevoir.

Quand cette phase que l'on appelle *nouvelle lune*, a lieu,
la lune se lève à-peu-près avec le soleil, passe au méridien à
midi, et se couche aussi à-peu-près à la même heure que le
soleil.

189. La lune s'écartant chaque jour du soleil de 12 de-
grés et quelques minutes, fait, dans l'espace de 7 jours et $\frac{3}{4}$,
environ un quart de sa révolution, ou autrement elle se trouve
à 90° dans l'Est du soleil. Dans cette position, elle présente en
D, à la terre, une moitié de son disque éclairé; c'est ce qu'on
appelle le *premier quartier*.

8

Dans cette phase elle se lève à-peu-près à midi, passe au méridien environ à six heures du soir, et se couche environ à l'approche de minuit.

190. Quand la lune a fait une moitié de sa révolution, ou qu'elle répond à un point L du ciel, opposé au soleil, elle nous présente tout son disque éclairé; elle se lève à-peu-près lorsque le soleil se couche, passe au méridien environ à minuit, et se couche aux approches du lever du soleil. Cette phase s'appelle *la pleine lune.*

191. Quand elle a fait les trois quarts de sa révolution, elle se trouve à 90° dans l'Ouest du soleil en P, et ne nous présente encore que la moitié de son disque éclairé. Dans cette position elle se lève à minuit à-peu-près, passe au méridien à six heures du matin, et se couche environ à midi. Cette phase s'appelle le *dernier quartier*.

192. Si la lune décrivait l'écliptique dans son mouvement propre, elle se trouverait à chaque nouvelle lune interposée entre le soleil et la terre, et intercepterait les rayons de lumière qui nous viennent de cet astre; en sorte qu'il y aurait éclipse du soleil : de même, à chaque pleine lune, la terre se trouverait entre le soleil et la lune, et par conséquent éclipserait la lune. Mais, comme elle décrit un cercle incliné à l'écliptique, il ne peut y avoir d'éclipse que lorsqu'au moment de la nouvelle lune ou de la pleine lune, cet astre se trouve au point où son orbite coupe l'écliptique, ou du moins très-près de ces points. Dans le premier cas, il y aurait éclipse centrale ou bien totale, et dans le second, éclipse partielle.

Les points où l'orbite de la lune coupe l'écliptique s'appellent les *nœuds* de la lune.

Des Marées.

193. Le mouvement par lequel les eaux de la mer s'élèvent et se répandent sur les côtes s'appelle le *flux* ou le *flot*, et celui par lequel elles baissent ou se retirent s'appelle *reflux*, *èbe* ou *jusant*.

194. La mer est dite *pleine* quand elle a atteint le terme de sa plus grande hauteur; et au moment où elle cesse de se retirer, il y a ce que l'on appelle *basse-mer*.

195. Tous les différens états de la mer sont compris sous le nom de *Marées*. Chaque jour il y a deux marées, c'est-à-dire, deux pleines mer, etc.

196. L'heure à laquelle la mer est pleine dans un port, n'est pas chaque jour la même; elle retarde, et ce retard est tel qu'au bout de 29 jours et demi, ou d'une lunaison, les marées reviennent aux mêmes heures. En sorte que les jours de nouvelle et de pleine lune la mer est toujours pleine à la même heure dans un même port.

L'heure à laquelle la mer se trouve pleine dans un port, les jours de nouvelle et pleine lune, prend le nom d'*établissement de ce port*.

On trouvera, à la fin du volume, une table qui donne l'établissement des principaux ports de France.

197. Si les marées retardaient chaque jour de la même quantité, il serait facile de déterminer exac-

tement l'heure à laquelle il y aurait pleine mer dans un port, pour un jour quelconque, en ajoutant, avec l'heure de l'établissement de ce port, autant de fois le retard journalier qu'il y aurait de jours de lune.

Cette méthode, qui serait rigoureuse si le retard des marées était constant, donne l'heure approchée de la pleine mer en faisant usage du retard moyen, qui est de 48 minutes chaque jour.

Ainsi, pour calculer l'heure de la pleine mer, par approximation, dans un port dont on connaît l'établissement, on prendra dans un calendrier le nombre de jours de lune; on multipliera 48 minutes, qui est le retard moyen des marées, par ce nombre de jours, et l'on convertira le produit en heures, que l'on ajoutera avec l'heure de l'établissement : la somme donnera l'heure de la pleine mer.

Si le nombre des jours de lune passait 15, on pourrait ne multiplier les 48 minutes que par l'excédant de 15.

Si le résultat que l'on obtient pour l'heure de la pleine mer passait 12 heures, l'excédant donnerait l'heure cherchée de la pleine mer.

Exemple Ier.

On demande l'heure de la pleine mer au Hâvre-de-Grâce, le 19 avril 1825.

OPÉRATION.

On cherchera dans un calendrier le nombre de
jours de lune ; on le trouvera , pour le 19 avril 1825 ,
de 2 jours. On multipliera 48 minutes par 2, ce qui
donnera 96 minutes , ou 1^h 36′ , lesquelles ajoutées
à l'heure de l'établissement du Hâvre-de-Grâce,
qui est de 9 heures , donneront 10^h 36′ pour l'heure
de la pleine mer:

EXEMPLE IIe.

On demande l'heure de la pleine mer dans un
port dont l'établissement est de 3^h 15′ , le 25 juin
1825.

Réponse.—L'heure de la pleine mer est de 10^h
37′.

198. Voici une méthode plus exacte de déterminer
l'heure de la pleine mer :

Cherchez dans un calendrier la phase la plus prochaine de la date proposée ; prenez la différence entre
ce jour et l'époque de cette phase , et cherchez avec
cette quantité , dans la Table I, celle qui lui est
correspondante ; cette dernière étant ajoutée à l'heure
de l'établissement du port , ainsi que le titre de la
table l'indique , sera l'heure de la pleine mer.

EXEMPLE.

On demande l'heure de la pleine mer à Bordeaux, le 20 juillet 1825.

OPÉRATION.

On trouvera que la phase la plus prochaine est un premier quartier qui doit avoir lieu le 22 à 3^h 44^m du soir; il doit donc s'écouler 2^j 3^h 44^m depuis le jour proposé jusqu'à l'époque de cette phase.

La Table I donne pour cet intervalle................. 3^h 16^m

Etablissement du port............................... 6 55

Somme ou heure de la pleine mer.................. 10^h 11^m

Cette heure est pour la pleine mer du soir.

199. Lorsque l'on connaît l'heure d'une pleine mer, pour avoir l'heure de celle qui suit, il faut y ajouter 24^m et, au contraire, les retrancher pour avoir l'heure de celle qui précède. Ceci est fondé sur ce que, dans l'espace de 24^h 48^m environ, il y a deux pleines mer.

De la position d'un Astre à l'égard de l'Horizon et à l'égard de l'Equateur.

200. Si l'on conçoit des grands cercles perpendiculaires à l'horizon, qui, par conséquent, passent tous par le zénith et le nadir, ces cercles sont ceux qu'on appelle *verticaux*. Celui qui

passe par les points Est et Ouest s'appelle le *premier vertical*.

201. Les cercles parallèles à l'horizon s'appellent *almicantarats*.

202. On appelle *hauteur verticale* d'un astre, ou simplement hauteur d'un astre, l'arc de son vertical compris entre l'astre et l'horizon. Cette hauteur est le complément de la distance de l'astre au zénith.

203. On appelle *azimuth* d'un astre, l'arc de l'horizon compris entre le méridien et le vertical de l'astre, ou encore l'angle formé au zénith par le méridien et le vertical de l'astre.

204. On appelle *amplitude* d'un astre l'arc de l'horizon compris entre le vertical de l'astre et le premier vertical.

On mesure ordinairement l'amplitude d'un astre au moment du lever et à celui du coucher de cet astre.

L'amplitude observée au moment du lever s'appelle amplitude *ortive*, et au moment du coucher on l'appelle amplitude *occase*.

205. Pour connaître la position d'un astre à l'égard de l'horizon, il faut savoir quelle est sa hauteur et son amplitude ou son azimuth.

206. On appelle *déclinaison* d'un astre la distance de cet astre à l'équateur, ou l'arc du méridien qui passe par cet astre compris entre l'astre et l'équateur. Elle est Nord ou Sud, suivant que l'astre est dans l'hémisphère nord ou dans l'hémisphère sud.

207. On appelle *ascension droite* d'un astre l'arc de l'équateur compris entre le point équinoxial du Bélier et le cercle perpendiculaire à l'équateur, passant par l'astre.

208. Pour avoir la position d'un astre à l'égard de l'équateur, il faut connaître son ascension droite et sa déclinaison.

Description de l'Octant.

209. L'instrument dont on se sert ordinairement à la mer pour observer la hauteur d'un astre, est *l'octant*. Sa construction est fondée sur un principe de catoptrique qui ne peut trouver place ici ; nous ne nous proposons que de faire une description de cet instrument, et d'en expliquer l'usage pour les observations de hauteurs antérieures des astres.

L'octant est un instrument en bois ou en cuivre composé de deux rayons solides et d'un arc ou limbe qui contient une huitième partie de la circonférence, lequel est divisé en 90 parties égales, dont chacune représente un degré dans l'usage qu'on en fait.

Au centre de l'arc et au sommet de l'instrument, est fixée une règle mobile qu'on appelle *alidade*, et qui tourne sur le centre de manière que l'autre extrémité parcoure les divisions du limbe. La ligne qui passe par le milieu de l'alidade, que l'on appelle *ligne-de-foi*, indique, sur la graduation du limbe, le nombre de degrés qui doit servir de mesure à l'angle que l'on observe.

Au centre, perpendiculairement au plan de l'instrument, et à-peu-près dans la direction de la ligne-de-foi, est placé un miroir plan, fixé à l'alidade et mobile avec elle autour du centre.

Sur l'un des rayons, à 2 ou 3 pouces du sommet, est placé, perpendiculairement au plan de l'instrument, un autre miroir plus petit que le premier, dont une moitié seulement est étamée, savoir, celle qui est voisine de l'instrument.

Sur l'autre rayon, on place une pinule ou une petite lunette, de manière que son axe réponde au milieu de la ligne qui, dans le petit miroir, sépare la partie étamée de celle qui est transparente.

La graduation du limbe commence à l'extrémité du rayon sur lequel est placée la pinule, et finit à l'extrémité de l'autre rayon.

Le grand miroir est entouré d'un chassis et pressé contre un plan de cuivre par deux vis placées derrière le chassis. Ce plan tient à un autre plan de même matière qui lui est perpendiculaire; et ce dernier s'adapte à l'alidade par trois vis placées derrière la glace. Deux de ces vis saisissent cet appareil sur l'alidade, et la troisième agit contre. Elles servent aussi à incliner le miroir en deux sens différens.

Le petit miroir est aussi placé dans un chassis, et retenu dans sa position par deux petites vis, de la même manière que le grand miroir. Le chassis est saisi sur un plan circulaire de cuivre, par deux vis situées derrière la glace.

Ce plan circulaire porte sur deux pointes placées dans la direction du miroir sur un autre plan circulaire de cuivre attaché à l'instrument.

Le plan circulaire qui porte le petit miroir est assujetti à l'autre sur les deux pointes par deux vis, qu'on appelle vis de rectification, dont l'une est placée en avant et l'autre en arrière du miroir, et agissent l'une contre l'autre. Elles servent à incliner le petit miroir en avant et en arrière. Ce miroir a, en outre, un levier de rectification placé derrière l'octant, au moyen duquel l'on peut tourner le miroir circulairement autour d'un axe perpendiculaire au plan de l'instrument.

La pinule est ordinairement une plaque de cuivre percée de deux trous, dont l'un est exactement à même distance du plan de l'instrument que la ligne qui sépare, dans le petit miroir, la partie étamée de la partie transparente. L'autre en est plus éloigné et répond au milieu de la partie transparente.

Le trou inférieur est celui dont on fait le plus communément usage ; l'autre ne sert que lorsque l'objet que l'on observe est assez brillant pour être vu par la réflection de la partie transparente du miroir.

Entre le grand et le petit miroir, on place sur le côté de l'instrument trois ou quatre verres ronds colorés, enchassés dans des cadres de cuivre, et montés de façon à pouvoir les tourner et les interposer entre les deux miroirs, ou les retirer. Ils ne sont pas d'ailleurs assujettis d'une manière stable à l'instrument.

L'usage des verres colorés est de tempérer la force des rayons de lumière de l'astre, qui sont réfléchis sur l'œil de l'observateur, lesquels pourraient blesser la vue.

L'instrument étant garni de toutes ces pièces, peut servir à observer une hauteur antérieure d'un astre quelconque, et à mesurer les distances angulaires.

Vérification de l'Octant.

210. Avant de faire usage de l'octant il faut le vérifier; cette vérification doit avoir deux objets, 1°. de rendre les miroirs perpendiculaires au plan de l'instrument; 2°. de disposer le petit miroir de manière que les plans des deux soient parallèles lorsque l'alidade répond au point zéro de la graduation.

211. Pour vérifier si le grand miroir est perpendiculaire au plan de l'instrument, il faut disposer l'octant dans un sens horizontal; mettre l'alidade vers le milieu du limbe; appliquer l'œil obliquement vers une des extrémités du miroir, de manière que l'on puisse voir une partie du limbe par réflection, et une autre partie directement. Si les deux portions de l'arc forment une courbe uniforme, le grand miroir sera perpendiculaire au plan de l'instrument.

Dans le cas contraire, il faudrait le redresser à l'aide des vis de rectification.

212. Pour vérifier si le petit miroir est perpendiculaire au plan de l'instrument, il faut tenir l'octant dans une position verticale, regarder si l'horizon vu par la partie transparente, s'ajuste en ligne droite avec son image vue dans la partie étamée; ensuite on inclinera l'instrument de manière à lui donner une position presque horizontale. Si, dans cet état, l'image de l'horizon est encore confondue avec l'horizon même, les deux miroirs sont parallèles entr'eux et perpendiculaires au plan de l'instrument.

213. Après avoir disposé les deux miroirs perpendiculairement au plan de l'instrument, et avoir placé l'alidade sur le point zéro de la graduation, il faudrait que les deux miroirs fussent parallèles.

Pour cette dernière vérification, il faut tenir l'instrument dans un plan vertical; regarder l'horizon dans la partie transparente du petit miroir; il doit être en ligne droite avec son image vue dans la partie étamée, autrement on les ferait coïncider en tournant le levier de rectification.

214. Lorsque le tems ne permet pas de faire cette dernière vérification avant de prendre la hauteur d'un astre, il faut, après l'observation de hauteur, tourner l'alidade jusqu'à ce que l'horizon vu

dans la partie transparente, coïncide avec son image dans la partie étamée ; regarder à quel point de la graduation répond la *ligne-de-foi* ; ce point sera celui d'où l'on doit commencer à compter l'angle de hauteur, en sorte que la distance de ce point au point zéro de la graduation donne l'erreur dont la hauteur est affectée. On appelle cette quantité *erreur de rectification*. Cette erreur de rectification doit être retranchée de la hauteur, si la ligne-de-foi se trouve entre zéro de la graduation et 90 degrés ; mais si la ligne-de-foi se trouve de l'autre côté du point zéro sur le limbe, l'erreur de rectification doit être ajoutée.

Manière d'observer une hauteur du soleil avec l'Octant.

215. Pour observer une hauteur antérieure du soleil avec l'octant, il faut placer l'œil à la pinule ; tenir l'instrument verticalement, se tourner du côté du soleil, regarder l'horizon par la partie transparente du petit miroir ; tourner l'alidade depuis le point zéro de la graduation jusqu'à ce qu'on aperçoive l'image de l'astre approcher de l'horizon ; puis balancer l'instrument de la main, de manière que l'image de l'astre paraisse décrire un arc de cercle dont la convexité sera en bas, et pousser l'alidade jusqu'à ce que le bord inférieur de l'astre ne fasse qu'effleurer l'horizon, lorsque l'astre est au point le plus bas de l'arc.

Comptant les degrés et minutes du limbe compris
entre le point zéro de la graduation, et le point où
répond la ligne-de-foi, on aura la hauteur observée
du bord inférieur de l'astre.

On compte facilement les minutes contenues dans
l'arc qui mesure la hauteur, avec le *nonius* qui est
gradué ordinairement à l'extrémité de l'alidade.

La hauteur du soleil ainsi observée est susceptible
de corrections dont nous allons nous occuper.

Des corrections que l'on doit faire à la hauteur du soleil, observée avec l'Octant.

216. Une hauteur du soleil observée avec l'octant,
à la mer, est susceptible de trois corrections, savoir :
l'*inclinaison* de l'horizon, la *réfraction* et le *demi-
diamètre*. Elle est aussi susceptible d'une correction
de parallaxe ; mais cette dernière est si petite, qu'elle
peut être négligée dans les observations de hauteur
du soleil qui ont pour but de déterminer la latitude
à la mer.

De l'Inclinaison de l'Horizon.

217. La hauteur d'un astre observée à la mer est
toujours rapportée à l'horizon apparent, c'est-à-dire
au rayon visuel qui part de l'œil de l'observateur et
se termine à l'endroit où l'horizon paraît couper le
ciel. Il arrive de-là qu'on trouve une hauteur trop

grande de la quantité angulaire formée par le rayon visuel de l'observateur et la ligne horizontale.

Cet angle que forme le rayon visuel de l'observateur avec la ligne horizontale, s'appelle *inclinaison* ou *dépression de l'horizon*. Cette inclinaison est d'autant plus grande que l'observateur est plus élevé au-dessus de l'horizon.

218. L'inclinaison de l'horizon se trouve dans une table (*), vis-à-vis la hauteur de l'œil de l'observateur, et doit être retranchée de la hauteur observée.

Cette correction doit se faire en sens contraire, quand on opère sur une distance au zénith.

De la Réfraction.

219. L'air qui environne la terre, et que l'on nomme atmosphère, a la propriété de rompre les rayons de lumière qui nous viennent des astres, en sorte que ces rayons parviennent à l'observateur en lignes courbes, et font juger les astres plus élevés qu'ils ne le sont réellement.

La quantité de minutes et secondes dont les rayons de lumière se courbent en traversant obliquement notre atmosphère, est ce que l'on appelle *réfraction*.

220. La réfraction est d'autant plus grande que

(*) Voyez à la fin, la table de l'inclinaison de l'horizon.

l'astre est plus près de l'horizon. A mesure qu'il s'élève, la réfraction diminue, et lorsqu'il est au zénith, elle est nulle ou zéro. La plus grande réfraction a donc lieu lorsque l'astre est à l'horizon; elle est alors de 33 minutes.

221. La réfraction qui convient à un astre dans une position quelconque, se trouve dans la table (*), vis-à-vis la hauteur observée.

222. Puisque la réfraction fait paraître les astres plus élevés qu'ils ne le sont, elle doit être toujours retranchée de la hauteur observée.

La correction de la réfraction, quand on l'applique à une distance du soleil au zénith, se fait en sens contraire; c'est-à-dire, qu'elle doit être toujours ajoutée à la distance au zénith.

Du demi-diamètre du Soleil.

223. La hauteur du soleil que l'on observe avec l'octant est toujours celle d'un des bords, c'est ordinairement celle du bord inférieur; or, la hauteur qu'il importe de connaître, est celle du centre, qui est plus grande que celle de ce bord de la quantité angulaire sous laquelle paraît le demi-diamètre. Cette quantité angulaire est ce que l'on appelle le *demi-diamètre apparent*.

(*) Voyez la table des réfractions, à la fin de l'ouvrage.

224. Le diamètre du soleil n'est pas toujours le même ; il est d'autant plus grand que cet astre est plus près de la terre. Le changement est à la vérité peu considérable, parce que son plus grand demi-diamètre et de 16′ 20″, et le plus petit de 15′ 45″.

225. On trouve le demi-diamètre du soleil dans la table II calculée pour les différentes époques de l'année, et cette quantité doit être ajoutée à la hauteur observée, si l'on a pris celle du bord infé-rieur. Ce serait le contraire, si l'on avait observé la hauteur du bord supérieur.

Si l'on avait à corriger la distance du bord infé-rieur au zénith, on en retrancherait le demi-diamètre. Ce serait le contraire, si l'on avait observé la distance du zénith au bord supérieur (*).

EXEMPLE Iᵉʳ.

Le 15 juin, on a observé avec l'octant une hau-teur du bord inférieur du soleil de 36° 48′ ; l'ob-servateur était élevé de 24 pieds au-dessus du niveau de la mer ; on demande quelle est la hauteur vraie du centre.

(*) Si l'on n'avait pas de tables d'inclinaison de l'horizon, de réfraction et de demi-diamètre, on pourrait suppléer à ces trois corrections, du moins par approximation, en ajoutant 12 mi-nutes à la hauteur observée du bord inférieur du soleil.

Opération.

Hauteur observée du bord inférieur........ 36° 48'
Inclinaison de l'horizon à retrancher...... 4' 58"

Hauteur apparente du bord inférieur...... 36° 43' 2"
Réfraction à retrancher............ 1' 18"

Hauteur vraie du bord inférieur......... 36° 42' 44"
Demi-Diamètre à ajouter............ 15' 46"

Hauteur vraie du centre............ 36° 58' 30"

Exemple IIe.

Le 7 avril, on a observé la hauteur du bord supérieur du soleil de 25° 18' : l'observateur était élevé de 21 pieds au-dessus du niveau de la mer ; on demande quelle est la hauteur vraie du centre.

Opération.

Hauteur observée du bord supérieur...... 25° 18'
Inclinaison de l'horizon à retrancher........ 4' 39"

Hauteur apparente du bord supérieur..... 25° 13' 21"
Réfraction à retrancher............ 2' 3"

Hauteur vraie du bord supérieur......... 25° 11' 18"
Demi-diamètre à retrancher........... 15' 59"

Hauteur vraie du centre............ 24° 55' 19"

Exemple IIIe.

Le 8 novembre, on a trouvé avec l'octant que le bord inférieur du soleil était élevé de 81° 18' 15" : l'observateur était élevé de 15 pieds au-dessus du niveau de la mer ; on demande la hauteur vraie du centre.

Réponse. — Hauteur vraie 81° 30′ 22″.

EXEMPLE IVᵉ.

Le 4 janvier, on a trouvé la hauteur du bord supérieur du soleil de 43° 24′ 30″ : l'observateur était élevé de 9 pieds au-dessus du niveau de la mer ; on demande la hauteur vraie du centre.

Réponse. — Hauteur vraie 43° 4′ 8″.

EXEMPLE Vᵉ.

Le 14 mars, on a trouvé, par une observation faite avec l'octant, que la hauteur du bord supérieur du soleil était de 54° 21′ 45″ : l'observateur était élevé de 20 pieds au-dessus du niveau de la mer ; on demande la hauteur vraie du centre.

Réponse. — Hauteur vraie 54° 0′ 25″.

EXEMPLE VIᵉ.

Le 9 juillet, on a trouvé que la hauteur du bord inférieur du soleil était, sur l'octant, de 25° 51′ : l'observateur était élevé de 12 pieds sur l'horizon ; on demande la hauteur vraie du centre.

Réponse. — Hauteur vraie 26° 1′ 15″.

9 *

Exemple VIIe.

On suppose que, le 21 novembre, on ait trouvé
que la hauteur du bord supérieur du soleil était
de 10° 4′ 20″, l'observateur étant élevé de 6 pieds
au-dessus de l'horizon ; on demande la hauteur vraie
du centre.

Réponse. — La hauteur vraie est de 79° 36′ 47″.

226. Si l'on observait avec l'octant une hauteur de la lune, il
faudrait y faire quatre corrections ; savoir : l'inclinaison de l'horizon, la réfraction, le demi-diamètre et la parallaxe.

Les hauteurs d'étoiles ne sont susceptibles que de deux corrections; savoir : l'inclinaison de l'horizon et la réfraction, parce
qu'elles n'ont pas de diamètre apparent ni de parallaxe.

*Détermination de la déclinaison du Soleil pour un instant
proposé.*

227. Nous avons vu (206) que la déclinaison du soleil était
l'arc d'un grand cercle perpendiculaire à l'équateur, compris
entre cet astre et l'équateur. Elle est nécessaire pour le calcul
de la latitude d'un lieu au moyen de la hauteur méridienne de
cet astre. Nous allons donner les moyens de la calculer pour un
instant proposé quelconque.

228. La déclinaison du soleil se trouve dans la Connaissance
des Tems pour chaque jour à l'instant du midi, au méridien
de Paris.

229. Pour calculer la déclinaison du soleil pour tout autre
instant du jour, il faut prendre dans les tables des déclinaisons

la différence entre les déclinaisons qui correspondent au midi d'avant et d'après le moment proposé ; puis prendre des parties proportionnelles pour le tems écoulé, depuis le midi qui a précédé l'instant proposé, et ajouter cette partie proportionnelle à la déclinaison du midi précédent, si la déclinaison va en augmentant, c'est-à-dire dans le cas où la seconde déclinaison est plus forte que la première ; mais si au contraire la déclinaison va en diminuant, il faut retrancher cette partie proportionnelle de la déclinaison du midi précédent : le résultat, dans l'un et l'autre cas, sera la déclinaison cherchée.

230. Si l'on demandait la déclinaison du soleil pour un jour proposé, à quelque heure que ce fût, sous un autre méridien que celui de Paris, connaissant la longitude de ce méridien, il faudrait calculer l'heure que l'on compte à Paris au même moment (51), et déterminer la déclinaison du soleil pour cette heure comme il vient d'être expliqué dans l'article précédent.

EXEMPLE Ier.

On demande la déclinaison du soleil à trois heures de l'après-midi à Paris, le 14 avril 1825.

OPÉRATION.

Déclinaison du soleil le 14 avril à midi.	9° 24′ 6″ N.
Déclinaison du soleil le 15 à midi	9° 45′ 58″ N.
Changement en déclinaison pour 24^h.	0° 21′ 32″
Partie proportionnelle pour 3^h.	0° 2′ 41″
Déclinaison pour le 14 à 3^h après midi.	9° 26′ 47″ N.

On a ajouté la partie proportionnelle qui répond à trois heures avec la déclinaison du 14 à midi, parce que la déclinaison va en augmentant (229).

Exemple IIe.

On demande la déclinaison du soleil, le 8 février 1825, dans un lieu situé par 45 degrés de longitude orientale', au moment où l'on comptait midi sous ce méridien.

Opération.

L'heure que l'on comptait au méridien de Paris au même instant, est 21 heures, le 7, compté astronomiquement.

Déclinaison du soleil pour le 7 à midi. . . . . 15° 17′ 49″ S.
Déclinaison   pour le 8 à midi. . . . . 14° 58′ 55″ S.

Changement en délinaison pour 24ʰ. . . . 0° 18′ 54″

Pour 12 heures.	9′ 27″
Pour 6 heures.	4′ 43″
Pour 3 heures.	2′ 22″

Parties proportionnelles pour 21ʰ. . . . . . 16′ 32″
Déclinaison pour le 8 à 9ʰ du matin. . . . . . 15° 1′ 17″ S.

On a retranché les parties proportionnelles qui correspondent à 21 heures, tems écoulé depuis le midi précédent, de la déclinaison qui répond à ce midi, parce que la déclinaison va en diminuant.

Exemple IIIe.

On demande la déclinaison du soleil à 5ʰ de l'après-midi, le 5 avril 1825, à Paris.

Réponse. — Elle est de 6° 8′ 57″ Nord.

Exemple IVe.

On demande la déclinaison du soleil sous le premier méridien, le 15 juillet 1825, à 10 heures du matin.

Réponse. — Elle est de 21° 34′ 38″ Nord.

Méthode de latitude par une hauteur méridienne
du Soleil.

231. Connaissant la déclinaison du soleil et sa hauteur méridienne, la règle à suivre pour détermi-ner la latitude du lieu, consiste, 1°. à retrancher la hauteur de 90°, le reste sera la distance méri-dienne au zénith, à laquelle on donne le nom de Nord ou de Sud, suivant que l'astre est au Nord ou au Sud du zénith, ce qui est très-facile à connaître. par le moyen de la boussole; 2°. à faire une somme de la déclinaison et de la distance du soleil au zénith, si ces deux quantités ont une dénomination contraire; cette somme sera la latitude qui aura même dénomi-nation que la déclinaison; 3°. si la distance au zénith et la déclinaison ont une même dénomination, il faut retrancher l'une de l'autre; la différence sera la lati-tude qui aura encore même dénomination que la dé-clinaison, si la déclinaison est plus forte que la dis-tance au zénith; mais si, au contraire, elle était la plus faible, la latitude aurait une dénomination con-traire à celle de la déclinaison.

232. Le seul cas qui échappe à cette règle, est celui où l'astre passe au méridien au-dessous du pôle, ce qui ne peut arriver pour le soleil que dans les zones glaciales, lorsque la hauteur du soleil est prise au moment où il passe au point le plus bas de son

parallèle. Pour cette circonstance, il faudrait ajouter la distance au zénith, avec la déclinaison, et retrancette somme de 180°; la différence serait la latitude qui aurait même dénomination que la déclinaison.

233. Si le soleil n'avait point de déclinaison, la latitude serait égale à la distance de l'astre au zénith, et serait d'une dénomination contraire à celle de la distance de l'astre au zénith. Cela est évident, puisque, dans ce cas, la distance de l'astre au zénith serait la même que celle de l'équateur au zénith, laquelle (57) est égale à la latitude. C'est aussi une suite de la règle qui vient d'être prescrite (231).

Si le soleil était au zénith, la latitude serait égale à la déclinaison et de même dénomination qu'elle. C'est encore une suite de la règle qui a été prescrite (231).

EXEMPLE Ire.

On a observé la distance méridienne du soleil au zénith, qui toute corrigée est de 31° 10′ du côté du Sud. La déclinaison du soleil était de 15° 24′ Nord; on demande la latitude du lieu de l'observation.

OPÉRATION.

Distance vraie du centre au zénith Sud . . . . 31° 10′
Déclinaison Nord . . . . 15° 24′

Latitude Nord . . . . 46° 34′

Exemple IIe.

Le 13 avril 1825, étant par 30° de longitude occidentale, on a observé avec l'octant, dans le Nord du zénith, une hauteur méridienne du bord inférieur du soleil, de 21° 18' : l'observateur était élevé de 20 pieds au-dessus de l'horizon ; on demande la latitude du lieu de l'observateur.

Calcul de la déclinaison.

Le tems de l'observation réduit au méridien de Paris, est le 13 avril, à 2 heures de l'après-midi.

Déclinaison du 13 avril à midi.	9° 2' 26" N.
Déclinaison du 14 à midi.	9° 24' 6" N.
Chang. de déclin. en 24 heures.	0° 21' 40"
Chang. pour 2 heures.	0° 1' 48"
Déclinaison du 13, à 2 heures.	9° 4' 14" N.

Calcul de la distance au zénith.

Hauteur observée ⊙.	21° 18'
Inclinaison de l'horizon.	4' 32"
Hauteur apparente ⊙.	21° 13' 28"
Réfraction	2' 29"
Hauteur vraie ⊙.	21° 10' 59"
Demi-diamètre	15' 58"
Hauteur vraie du centre.	21° 26' 57"
à retrancher de.	90°
Distance vraie du centre au zénith.	68° 33' 3"

Conclusion du calcul de la latitude.

Distance vraie du centre au zénith Nord...... 68° 33′ 3″
Déclinaison Nord................................. 9° 4′ 14″

Latitude du lieu de l'observation Sud......... 59° 28′ 49″

EXEMPLE IIIe.

La déclinaison du soleil étant de 17° 30′ Nord, et la distance vraie de son centre au zénith, du côté du Sud, de 33′ 40′, on demande la latitude.

Réponse. — La latitude est de 51° 10′ Nord.

EXEMPLE IVe.

On a observé la distance vraie du centre du soleil au zénith, du côté du Sud, de 44° 30′ : sa déclinaison était Nord de 10° 17′; on demande la latitude.

Réponse. — La latitude est de 54° 47′ Nord.

EXEMPLE V[e].

La déclinaison du soleil étant Nord de 20° 40′, on a observé à midi la distance vraie de son centre au zénith, du côté du Nord, de 10° 40′; on demande la latitude du lieu de l'observation.

Réponse. — La latitude est de 10° Nord.

EXEMPLE VIe.

La déclinaison du soleil étant de 22° 30′ Nord,

on a observé à midi sa distance vraie au zénith, du côté du Nord, de 22° 30'; on demande la latitude.

Réponse. — La latitude est zéro.

EXEMPLE VIIe.

La déclinaison du soleil étant de 19° 30' Nord, on l'a observé à midi directement au zénith; on demande la latitude.

Réponse. — La latitude et de 19° 30' Nord.

EXEMPLE VIIIe.

La déclinaison du soleil étant de 17° 40' Nord, on a observé à midi sa distance vraie au zénith, du côté du Nord, de 44° 30'; on demande la latitude.

Réponse.— La latitude est de 26° 50' Sud.

EXEMPLE IXe.

La déclinaison du soleil étant de 12° 30' Sud, on a observé à midi sa distance vraie au zénith, du côté du Sud, de 20° 50'; on demande la latitude.

Réponse. — La latitude est de 8° 20' Nord.

EXEMPLE X[e].

La déclinaison du soleil étant de 17° 17' Sud, sa

distance vraie au zénith, du côté du Sud, de 37° 30', on demande la latitude.

Réponse. — La latitude est de 20° 13' Nord

234. Il est bien facile de se rendre raison des règles qui viennent d'être données, en supposant alternativement l'astre, 1°. entre l'horizon et l'équateur; 2°. à l'équateur même; 3°. entre l'équateur et le zénith; 4°. au zénith même; 5°. entre le zénith et le pôle; 6°. entre le pôle et l'horizon, parce que la latitude est représentée par la distance du zénith à l'équateur; ce qui a été démontré (56).

Méthodes pour déterminer la variation de la Boussole.

Première méthode dont on fait usage à terre.

255. Nous avons dit (91) que la *variation* du compas était l'angle formé, dans le plan horizontal, par le méridien magnétique et la véritable ligne méridienne; nous allons indiquer quelques procédés dont on fait usage pour déterminer cet angle.

De toutes les méthodes dont on fait usage pour la détermination de la variation, nous n'en donnerons que deux, dont la première ne peut servir qu'à terre; mais on peut faire usage de la seconde en quelque lieu qu'on se trouve, à l'exception des zones glaciales.

256. La première méthode consiste, 1°. à tracer une ligne méridienne sur un plan horizontal; 2°. à placer la boussole de manière que le centre de la rose réponde verticalement à cette ligne. Le compas étant dans cette positon, il sera facile d'observer, dans la rose même du compas, l'angle que forme la ligne Nord et Sud de la boussole avec la ligne méridienne,

c'est-à-dire la variation; on verrait aussi de quel côté est la variation.

237. Pour tracer une ligne méridienne, on fixe sur un plan disposé horizontalement, ou de niveau, un style long de 12 à 15 pouces, à l'extrémité duquel on attache une plaque percée d'un trou rond; on détermine, à l'aide d'un fil à plomb, le point qui sur le plan horizontal répond verticalement à ce trou, et de ce point, comme centre, on décrit un arc de cercle; on observe, le matin et l'après-midi, les points où le centre du petit rond lumineux (qui représente l'image du trou de la plaque) se trouve sur l'arc, puis on divise la partie de l'arc comprise entre les deux points en deux parties égales; la ligne droite tracée du milieu de l'arc au centre sera une ligne méridienne.

Comme il pourrait arriver que le soleil fût obscurci par quelques nuages, au moment où le rond lumineux devrait passer sur l'arc dans la seconde observation, il convient de décrire plusieurs arcs du même centre, de différens rayons, et de marquer le matin sur chacun les points où passe le rond lumineux; si dans l'après-midi on peut déterminer un autre point sur quelqu'un des arcs, il suffira de tracer la méridienne comme il vient d'être expliqué.

Seconde méthode de variation.

Méthode dont on fait usage à la mer à l'instant du lever vrai du Soleil.

238. La seconde méthode consiste, 1°. à observer avec le compas de variation l'amplitude du soleil au moment du lever ou du coucher vrai de son centre; 2°. à calculer l'amplitude du soleil pour le même moment; et si les deux amplitudes

sont du même côté, leur différence sera la variation ; mais si elles sont de différens côtés, leur somme sera la variation.

239. Pour connaître le nom que l'on doit donner à la variation, il suffira d'observer le mouvement que l'on exécutera pour venir du point de l'horizon où le soleil a été observé à celui où il a été trouvé par le calcul de l'amplitude vraie.

240. Si dans ce mouvement on suit l'ordre naturel des rumbs de vent, la variation sera NE., et si l'on suit l'ordre contraire elle sera NO. (*).

EXEMPLE 1er.

L'amplitude observée au compas, à l'instant du lever vrai, étant de 18° 30' Nord, et l'amplitude calculée ou determinée sur le quartier de réduction, étant de 32 degrés aussi Nord; on demande la variation.

OPÉRATION.

Amplitude observée de l'Est au Nord. . . . . 18° 30'
Amplitude calculée de l'Est au Nord. . . . . 32°
$$\text{Variation NO.} \ldots \ldots 13° \, 30'$$

EXPLICATION.

On a retranché les deux amplitudes l'une de l'autre, parce qu'elles ont une même dénomination.

La variation est NO., parce que, partant du point observé

(*) Suivre l'ordre naturel des rumbs de vent, c'est passer du Nord à l'Est, de l'Est au Sud, du Sud à l'Ouest, et de l'Ouest au Nord.

Suivre l'ordre contraire, c'est passer du Nord à l'Ouest, de l'Ouest au Sud, du Sud à l'Est, et de l'Est au Nord.

de la rose pour se rendre au point calculé, il faudrait suivre l'ordre contraire des rumbs de vent.

EXEMPLE IIᵉ.

L'amplitude observée sur le compas à l'instant du lever vrai du soleil étant de 2° 45' de l'Est vers le Nord, et l'amplitude calculée pour le même instant de 21° 30' de l'Est vers le Sud; on demande la variation.

OPÉRATION.

Amplitude observée de l'Est vers le Nord...... 2° 45'
Amplitude calculée de l'Est vers le Sud........ 21° 30'

Variation NE. .... 24° 15'

EXPLICATION.

On a ajouté les deux amplitudes, parce qu'elles ont une dénomination contraire.

La variation est NE., parce que, partant du point observé de la rose pour se rendre au point calculé, on suit l'ordre naturel des rumbs de vent.

EXEMPLE IIIᵉ.

L'amplitude observée du soleil au compas, à l'instant de son coucher vrai, étant de 1° 50' de l'Ouest vers le Nord, et l'amplitude calculée pour le même moment étant de 9° 45' Sud; on demande la variation.

OPÉRATION.

Amplitude observée de l'Ouest au Nord........ 11° 50'
Amplitude calculée de l'Ouest au Sud........ 9° 45'

Variation NO. .... 21° 35'

EXPLICATION.

On a ajouté les deux amplitudes, parce qu'elles ont une dénomination contraire.

La variation est NO. ; parce que, partant du point observé pour se rendre au point calculé, il faut suivre l'ordre contraire des rumbs de vent.

EXEMPLE IVᵉ.

L'amplitude observée au moment du coucher vrai du soleil était sur le compas de 7° 18′ de l'Ouest au Sud ; l'amplitude calculée pour le même instant était de 28° 12′ Sud ; on demande la variation.

OPÉRATION.

Amplitude observée de l'Ouest au Sud. . . . .   7° 18′
Amplitude calculée de l'Ouest au Sud. . . . . 28° 12′
Variation NO. . . . . 20° 54′

EXPLICATION.

On a retranché les deux amplitudes l'une de l'autre, parce qu'elles ont une même dénomination.

La variation est NO. , parce que, partant du point observé sur la rose pour se rendre au point calculé, il faut suivre l'ordre contraire des rumbs de vent.

241. La méthode que l'on vient de donner pour le calcul de la variation, suppose que le soleil est relevé à l'instant de son lever et de son coucher. Or, cet instant n'a pas lieu lorsque le centre du soleil paraît à l'horizon, mais lorsqu'il est élevé de la quantité égale à la réfraction horizontale, qui est de 33′, plus encore l'inclinaison de l'horizon, c'est-à-dire lorsque le

bord inférieur est distant de l'horizon d'une quantité égale au demi-diamètre, plus l'inclinaison de l'horizon. C'est donc à cet instant qu'il faut observer son amplitude.

Le procédé que l'on doit suivre pour déterminer la varia- tion, suppose que l'on connaît l'amplitude vraie du soleil pour le moment de son lever ou celui de son coucher vrai. Nous allons donner les moyens d'obtenir cette amplitude sur le quar- tier de réduction.

Méthode de calcul de l'amplitude pour le moment du lever ou du coucher vrai du Soleil, connaissant la latitude du lieu et la déclinaison de cet astre.

242. Pour calculer l'amplitude, il faut tendre le fil sur la latitude du lieu, de manière à faire avec la ligne Nord et Sud un angle égal à cette latitude; compter la déclinaison à partir de la ligne Est et Ouest sur l'arc gradué; du point où elle se termine conduire une épingle parallèlement à la ligne Est et Ouest jusqu'à la rencontre du fil; de ce point mener l'épingle en arc de cercle jusqu'à la rencontre de la ligne Nord et Sud; de ce dernier point conduire l'épingle parallèlement à la ligne Est et Ouest jusqu'à l'arc gradué; comptant depuis la ligne Est et Ouest sur l'arc, on aura l'amplitude qui aura même nom que la déclinaison.

243. L'amplitude que l'on obtient sur le quartier, n'est pas aussi exacte que celle que donne le calcul. Il y a aussi de l'in- certitude sur celle que l'on observe avec le compas, attendu que l'on ne connaît pas l'instant précis du lever ou du coucher du soleil; en sorte que la variation déterminée d'après ces règles n'est pas aussi juste que celle que donnent les méthodes de calcul qui se font d'ailleurs pour l'instant du lever ou du coucher apparent d'un des bords du soleil.

10

EXEMPLE Ier.

On demande l'amplitude du soleil à l'instant de son lever vrai , pour un lieu situé par 48° 40' de latitude Nord , un jour que la déclinaison du soleil était de 18° 45'.

En faisant l'opération ainsi qu'il a été expliqué (242), on trouve 29° 30' d'amplitude Nord.

EXEMPLE IIe.

Un observateur étant par 34° 15' de latitude Nord , demande l'amplitude du soleil au moment de son coucher vrai , en supposant que la déclinaison de cet astre soit de 18° 24' Nord.

Réponse. —Amplitude Nord 22° 40'.

EXEMPLE IIIe.

Un observateur étant par 26° 30' de latitude Sud , demande l'amplitude du soleil au moment de son lever vrai, en supposant la déclinaison de 10° 12' Sud.

Réponse. — Amplitude Sud 11° 30'.

EXEMPLE IVe.

Un observateur étant par 24° 30' de latitude Sud, demande l'amplitude du soleil au moment de son lever vrai , un jour que le soleil décrivait l'équateur, c'est-à-dire lorsqu'il n'avait point de déclinaison.

Réponse. —Il n'y a point d'amplitude.

EXEMPLE V^e.

Un observateur étant par 9° 20' de latitude Nord , demande

l'amplitude du soleil au moment de son coucher vrai, en supposant la déclinaison de 20° 30' Sud.

Réponse. — Amplitude Sud 20° 50'

EXEMPLE VIᵉ.

Un observateur étant à l'équateur, ou par zéro de latitude, demande l'amplitude du soleil à l'instant de son lever vrai, la déclinaison étant de 15° 30' Sud.

Réponse. — Amplitude Sud 15° 30'.

EXEMPLE VIIᵉ.

Le 16 mai 1825, un observateur situé par 45° 20' de latitude Nord et sous le premier méridien, demande quelle est l'amplitude du soleil au moment de son lever vrai, qui doit avoir lieu environ à 4 heures $\frac{1}{2}$.

OPÉRATION.

La déclinaison calculée par le procédé indiqué (229), est de 19° 8' 19″, et l'amplitude trouvée sur le quartier, de 27° 50' Nord.

EXEMPLE VIIIᵉ.

Le 9 février 1825, un observateur étant par 28° 30' de latitude Nord, et sous le premier méridien, demande quelle est l'amplitude du soleil au moment de son coucher vrai, qui doit avoir lieu à 5 heures du soir environ.

OPÉRATION.

La déclinaison calculée pour cet instant, par le procédé indiqué (229), est de 14° 35' 44″ Sud, et l'amplitude de 16° 40' Sud.

10 *

Exemple IXe.

Le 17 août 1825, un observateur étant par 24° 3o' de latitude Sud , et par 45° de longitude orientale , demande quelle
est l'amplitude du soleil au moment de son lever vrai , qui
doit avoir lieu à 6^h $\frac{1}{2}$ du matin environ , sous son méridien.

L'heure comptée à Paris est 3^h $\frac{1}{2}$, la déclinaison est de 13°
34' 37" Nord, et l'amplitude de 14° 55' Nord.

Exemple X^e.

Le 7 novembre 1825 , un observateur étant par 45° 3o' de
latitude Sud , et par 6o° de longitude occidentale , demande
quelle est l'amplitude du soleil au moment de son coucher
vrai , qui doit avoir lieu environ à 7^h $\frac{1}{2}$ du soir , sous son méridien.

L'heure comptée à Paris est 11^h $\frac{1}{2}$ du soir , la déclinaison
et de 16° 26' 8" Sud , l'amplitude de 23° 5o' Sud.

244. La latitude du lieu et la déclinaison du soleil dont on
fait usage pour déterminer l'amplitude, doivent être calculées
pour l'endroit où l'on est et l'heure à laquelle on fait l'observation.

Des corrections de la variation du compas.

245. Les routes dont nous avons fait usage dans
les problèmes de la navigation, en les résolvant,
soit sur la carte ou sur le quartier de réduction,
ne sont pas celles que l'on trouve au compas de
route ; mais les véritables routes du monde, c'est-
à-dire ; les routes de la boussole, corrigées de la

variation du compas et de la dérive du vaisseau, lorsqu'il y en a. Si l'on ne connaissait que les routes faites au compas, il faudrait donc, avant de résoudre les problèmes, appliquer aux routes données les corrections de la variation et de la dérive.

Pour corriger une route de la variation du compas, il faut, à partir de la route proposée, compter, sur la rose des vents ou sur le quartier de réduction, autant de degrés qu'il y en a de variation, en suivant l'ordre naturel des rumbs de vents, lorsque la variation est NE, , ou en suivant l'ordre contraire des rumbs de vent quand la variation est N O.

Nous avons expliqué (240), ce que l'on entend par suivre l'ordre naturel ou l'ordre contraire des rumbs de vent.

EXEMPLE I$_{er}$.

Supposant que l'on eût fait les routes suivantes à un compas dont la variation est de 11° $15'$ du côté du NO. ; on demande quelques sont les routes corrigées.

Routes au compas.		Routes corrigées.	
NE $\frac{1}{4}$ E	3º Nord.	NE	3º Nord.
ENE	5º Est.	NE $\frac{1}{4}$ E	5º Est.
O $\frac{1}{4}$ NO	5º Nord.	Ouest	3º Nord.
OSO	5º Ouest.	SO $\frac{1}{4}$ O	5º Ouest.

Exemple IIe.

On suppose avoir cinglé les routes suivantes à un compas qui varie de 8° du côté du NE. ; on demande les routes corrigées.

Routes au compas.		Routes corrigées.	
N $\frac{1}{4}$ NE	2° Est.	NNE	1° 15′ Nord.
ESE	4° Sud.	SE $\frac{1}{4}$ E	0° 45′ Sud.
Nord	2° Ouest.	N $\frac{1}{4}$ NE	5° 15′ Nord.
NO $\frac{1}{4}$ N	3° Nord.	NNE	0° 15′ Ouest.

Exemple IIIe.

On a fait les routes suivantes à un compas qui a 17° 30′ de variation NO. ; quelles sont les routes corrigées ?

Routes au compas.		Routes corrigées.	
O $\frac{1}{4}$ SO	2° Ouest.	OSO	4° 15′ Sud.
SSE	4° Sud.	SE $\frac{1}{4}$ S	2° 15′ Est.
Ouest	2° Nord.	O $\frac{1}{4}$ SO	4° 15′ Sud.
SSO	3° Ouest.	S $\frac{1}{4}$ SO	3° 15′ Sud.
Nord.		NNO	5° Nord.

Correction de la dérive d'un Vaisseau.

246. Nous avons appelé dérive (94) l'angle que forme la quille du vaisseau avec la route qu'il suit, et nous avons donné les moyens de l'observer.

247. Un vaisseau n'a de dérive que quand il est *au plus près du vent*, ou qu'il a le vent *largue*, et

elle est d'autant plus grande (toutes choses d'ailleurs égales) , que le vent est plus près.

Un batiment est dit *au plus près du vent ,* quand la direction de sa quille ne fait avec celle du vent qu'un angle de 67 ou 68° ; autrement , un angle de six pointes ou de six rumbs de vent. Si , par exemple , le vaisseau présente l'avant de sa quille au NE. , et que le vent vienne de l'ESE. ou du NNO. , il est dans ce cas au plus près du vent. Cet angle est le moindre que sa quille puisse faire avec la direction du vent, lorsque les voiles portent de manière à faire avancer le navire.

Si le vaisseau présentait au NE. et que le vent vînt du SE. ou du NO. , c'est-à-dire d'une direction perpendiculaire à celle de la quille , il aurait le *vent largue.* Dans ce cas il n'aurait que très-peu de dérive.

Si le vent dépendait de deux, trois ou quatre rumbs de vent plus de l'arrière , il aurait le vent *grand largue.* Avec de tels vents, il n'y a pas de dérive , non plus que quand le vent vient de l'arrière.

248. Pour corriger une route de l'effet de la dérive , il faut, à partir de la route proposée , compter le nombre de degrés de la dérive , en suivant l'ordre naturel des rumbs de vent , quand les vents viennent du côté de *babord* , ou autrement quand les amures sont à babord , et au contraire ,

suivre l'ordre opposé des rumbs de vent, lorsque les vents dépendent de *tribord*, c'est-à-dire quand les amures sont à tribord.

On appelle *tribord* le côté du vaisseau qui est à droite, quand on est dans le bâtiment tourné du côté de la proue ou de l'avant du vaisseau ; l'autre côté à gauche s'appelle *babord*.

Les vents dépendent de tribord, lorsque, par exemple, on fait route au Nord, et que les vents viennent de la partie de l'Est ; et, dans ce cas, l'on aurait les amures à tribord. Si au contraire les vents venaient de la partie de l'Ouest, faisant encore route au Nord, les vents dépendraient de babord, et l'on aurait les amures à babord.

Quand un bâtiment fait route au NE. par exemple, les marins disent que le cap est au NE. Il en est de même de tout autre rumb de vent.

EXEMPLE Ier.

Les vents du NNO., on a fait route à l'Ouest 3° Nord ; on suppose qu'il y ait 17° de dérive ; on demande quelle est la route corrigée.

EXPLICATION.

Les vents dépendent de tribord, c'est-à-dire que les amures sont à tribord ; il faut donc avancer de 17° en suivant l'ordre contraire des rumbs de vent, ce qui donne pour route corrigée l'O $\frac{1}{4}$ SO 2° 45′ Sud.

EXEMPLE II⁰.

Les vents au OSO. , on a fait route au NO $\frac{1}{4}$ O. , ayant 15° de dérive ; on demande la route corrigée.

Réponse. — Route corrigée , NO 3° 45′ Nord.

EXEMPLE III⁰.

Les vents au NE. , on a fait route au N $\frac{1}{4}$ NO 1° N. , ayant 8° de dérive ; on demande la route corrigée.

Réponse. — Route corrigée , NNO 4° 15′ Nord.

EXEMPLE IV⁰.

Les vents à l'Est , on a fait route au SE $\frac{1}{4}$ S 4° Sud, ayant 22° 30′ de dérive ; on demande la route corrigée.

Réponse. — Route corrigée , S $\frac{1}{4}$ SE 4° Sud.

EXEMPLE V⁰.

Les vents à l'ESE. , on a fait route au NE $\frac{1}{4}$ E 3° N. , ayant 10° de dérive ; on demande la route corrigée.

Réponse. — Route corrigée , NE 1° 45′ Nord.

EXEMPLE VI⁰.

Les vents au SSE. , on a fait route au SO $\frac{1}{4}$ S 3° O , ayant 11° 15′ de dérive; on demande la route corrigée.

Réponse. — La route corrigée est le SO 3° Ouest

Exemple VII°.

Les vents à l'Est, on a fait route au NNE 3ʹ Nord, ayant 40° de dérive; on demande la route corrigée.

Réponse. — Route corrigée, NNO 2° Nord.

Correction de la dérive du Vaisseau et de la variation du Compas.

249. Pour corriger en même tems une route de la dérive et de la variation, il faut examiner si les deux corrections doivent se faire dans un même sens ou dans des sens opposés. Dans le premier cas, il faudrait ajouter la dérive avec la variation, et compter la somme dans le sens indiqué, soit par la dérive ou la variation. Dans le second cas, c'est-à-dire lorsque la dérive et la variation doivent être corrigées dans des sens contraires, il faut retrancher la dérive de la variation, ou la variation de la dérive, si celle-ci était la plus grande, et compter la différence des deux quantités dans le sens dans lequel devrait être corrigée la plus grande des deux.

EXEMPLE Ier.

On suppose que l'on a cinglé , suivant les routes ci-après , au compas ; on demande les routes corrigées.

VENTS.	ROUTES AU COMPAS	DÉRIVE.	VARIATION.
NNO.	Ouest 3° N.	17°	NO.
OSO.	NO $\frac{1}{4}$ O 4° N.	19°	17°
NE.	N $\frac{1}{4}$ NO 4° N.	15°	
Est.	SE $\frac{1}{4}$ S 4° S.	6°	
ESE.	NE $\frac{1}{4}$ E 5° N.	14°	
SSE.	SO $\frac{1}{4}$ S 3° O.	13°	
Est.	NNE 3° N.	10°	

Réponse.

Les routes corrigées sont :
$\begin{cases} \text{SO } \frac{1}{4} \text{ O} & \text{2° 45' Ouest.} \\ \text{NO} & \text{5° 15' Ouest.} \\ \text{NO } \frac{1}{4} \text{ N} & \text{5° 30' Ouest.} \\ \text{SE} & \text{4° 15' Sud.} \\ \text{NNE} & \text{0° 15' Nord.} \\ \text{SO } \frac{1}{4} \text{ S} & \text{1° Sud.} \\ \text{N } \frac{1}{4} \text{ NO} & \text{3° 45' Nord.} \end{cases}$

EXEMPLE IIe.

On suppose qu'on a cinglé , suivant les routes ci-après , au compas; on demande les routes corrigées.

VENTS.	ROUTES AU COMPAS.	DÉRIVE.	VARIATION.
NNE.	Est $3°$ N.	$14°$	NE.
OSO.	S $\frac{1}{4}$ SO $3°$ O.	$14°$	$13°$
O.	NO $\frac{1}{4}$ N $4°$ N.	$15°$	
ONO.	Nord $2°$ O.	$6°$	
SSE.	Est $3°$ Sud.	$14°$	
SO.	O $\frac{1}{4}$ NO $3°$ N.	$29°$	

Réponse.

Les routes
corrigées sont :

$$\begin{cases} \text{ESE} & 1° \ 30' \ \text{Sud.} \\ \text{S} \ \frac{1}{4} \ \text{SO} & 2° \quad \text{Ouest.} \\ \text{Nord} & 1° \ 45' \ \text{Ouest.} \\ \text{NNE} & 5° \ 50' \ \text{Nord.} \\ \text{Est} & 2° \quad \text{Sud.} \\ \text{NO} \ \frac{1}{4} \ \text{N.} \end{cases}$$

EXEMPLE IIIe.

On suppose qu'on a cinglé, suivant les routes
ci-après, au compas ; on demande les routes corrigées.

VENTS.	ROUTES AU COMPAS.	VENTS.	VARIATION.
NO.	O $\frac{1}{4}$ SO $3°$ Sud.	$15°$	NO.
N.	ENE $3°$ N.	$14°$	$27°$
N.	OSO $4°$ O.	$0°$	
NNE.	NO $\frac{1}{4}$ N $3°$ N.	$19°$	
Est.	SE $\frac{1}{4}$ S $4°$ S.	$39°$	

Réponse.

Les routes corrigées sont :
$\begin{cases} \text{SO } \frac{1}{4} \text{ S} & \\ \text{NE } \frac{1}{4} \text{ E} & 4° \ 45' \text{ Nord.} \\ \text{SO} & 0° \ 30' \text{ Sud.} \\ \text{O } \frac{1}{4} \text{ NO} & 2° \quad \text{Nord.} \\ \text{SSE} & 4° \ 45' \text{ Sud.} \end{cases}$

EXEMPLE IVᵉ.

On suppose que l'on a cinglé, suivant les routes ci-après au compas ; on demande les routes corrigées.

VENTS.	ROUTES AU COMPAS.	DÉRIVE.	VARIATION.
NNO.	Ouest 4° S.	13°	NE.
SSE.	E $\frac{1}{4}$ SE 3° S.	13°	5°
SO.	O $\frac{1}{4}$ NO 3° N.	21°	
O.	SE 3° Est.	0°	

Réponse.

Les routes corrigées sont :
$\begin{cases} \text{O } \frac{1}{4} \text{ SO} & 0° \ 45' \text{ Sud.} \\ \text{E } \frac{1}{4} \text{ SE} & 5° \quad \text{Est.} \\ \text{NO} & 4° \ 45' \text{ Ouest.} \\ \text{SE} & 2° \quad \text{Sud.} \end{cases}$

EXEMPLE Vᵉ.

On suppose que l'on a cinglé, suivant les routes ci-après, au compas ; on demande les routes corrigées.

VENTS.	ROUTES AU COMPAS.	DÉRIVE.	VARIATION.
NE.	N $\frac{1}{4}$ NO 5° O.	15°	NE.
Est.	SO 3° Sud.	0°	29°
SSE.	Est 3° Nord.	40°	
Sud.	O $\frac{1}{4}$ SO 4° Sud.	21°	

Réponse.

Les routes corrigées sont :
$\begin{cases} \text{Nord} & 2° \ 15' \ \text{Ouest.} \\ \text{OSO} & 3° \ 30' \ \text{Ouest.} \\ \text{E } \frac{1}{4} \text{ NE} & 2° \ 45' \ \text{Nord.} \\ \text{NO } \frac{1}{4} \text{ O} & 1° \quad \text{Nord.} \end{cases}$

EXEMPLE VIᵉ.

On suppose que l'on a cinclé, suivant les routes ci-après, au compas ; on demande les routes corrigées.

VENTS.	ROUTES AU COMPAS.	DÉRIVE.	VARIATION.
NO.	N $\frac{1}{4}$ NE 4° Est.	24°	NO.
O.	NO $\frac{1}{4}$ N 4° Nord.	27°	7°
OSO.	Sud 3° Ouest.	6°	
SSE.	Est. 5° Sud.	15°	
O.	NNE 3° N.	0°	

Réponse.

Les routes corrigées sont :
$\begin{cases} \text{NE } \frac{1}{4} \text{ N} & 1° \ 30' \ \text{Nord.} \\ \text{N } \frac{1}{4} \text{ NO} & 1° \ 30' \ \text{Nord.} \\ \text{S } \frac{1}{4} \text{ SE} & 1° \ 15' \ \text{Sud.} \\ \text{ENE} & 5° \ 30' \ \text{Est.} \\ \text{NNE} & 1° \ 15' \ \text{Est.} \end{cases}$

*De la manière de prévenir la Route, ou de réduire la
vraie route à celle qui lui correspond sur le compas.*

250. Dans le quatrième problème de navigation,
la route directe que l'on trouve est la vraie route
du monde, et non pas celle du compas.

Si l'on voulait connaître celle qui aurait été faite
au compas, ou celle qu'il faudrait suivre au compas, il faudrait corriger la route trouvée par ce problème de la variation, mais en appliquant cette correction en sens contraire de la règle indiquée (245).

En effet, dans le cas supposé (245), il s'agissait
de trouver le rumb de vent du monde qui corres-
pondait à celui de la boussole. Ici, au contraire,
on veut trouver le rumb de vent de la boussole
qui répond au vrai rumb de vent du monde, et
par conséquent il faut exécuter la règle opposée.

Faire cette dernière correction, est ce que l'on
appelle *prévenir la route* ou *faire valoir la route* eu
égard à la variation et même à la dérive.

EXEMPLE Ier.

On demande à quel rumb de vent du compas
l'on doit gouverner pour que la vraie route soit
le SO 3° Sud ; la variation étant de 17° NO.

Réponse. — La route qu'il faudrait suivre au compas est le SO ¼ O 2° 45' Ouest.

EXEMPLE IIe.

On demande à quel rumb de vent l'on doit gouverner pour que la route vaille le SE 5° Sud ; la
variation du compas étant de 24° NE.

Réponse. — La direction qu'il faudrait suivre au
compas est l'ESE 3° 30′ Sud.

EXEMPLE IIIe.

On demande à quel rumb de vent l'on doit gou-
verne pour que la route vraie soit le SO ¼ S 2°
O. ; la variation du compas étant de 19° 30′ NO.

Réponse. — La route au compas est le SO ¼ O
1° Sud.

EXEMPLE IVe.

On a vu sur une carte que la route qu'il convient
de suivre pour se rendre dans un port est l'O ¼ SO
3° Sud : la variation est de 15° NO ; on demande
quel est le rumb de vent du compas auquel on doit
gouverner.

Réponse. — La route à faire au compas est l'Ouest
0° 45′ Nord.

De la Table de loch, et de la manière de faire le point à la mer.

251. La *table de loch* est une planche peinte en

noir, divisée par colonnes, dont la première est destinée à marquer les heures, et les autres à porter les différentes circonstances de la route du vaisseau, telles que les vents, les directions suivies au compas, le chemin, la dérive, la variation de la boussole, etc.

Le pilote ou l'officier marque, à la fin de son quart, sur cette table, la route ou les routes qui ont été faites, le chemin qui répond à chacune, les vents, la dérive, lorsqu'il y en a, et la variation quand elle a été observée.

252. Chaque jour à midi on fait un relevé des routes qui ont été suivies dans l'espace de 24 heures (c'est-à-dire depuis le midi de la veille), du chemin qui correspond à chacun des vents, de la dérive et de la variation observées. Au moyen de ces données, de la latitude et de la longitude du vaisseau à l'instant du midi précédent, on détermine, par le problème à plusieurs routes expliqué (143 et suiv.), la latitude et la longitude du lieu où le vaisseau est arrivé, la route directe qu'il eût fallu suivre pour s'y rendre, et le chemin qu'il eût fallu faire suivant cette direction. Bien entendu que ce problème ne peut se résoudre qu'après avoir préalablement corrigé les routes de l'effet de la variation du compas, et de la dérive, quand il y en a.

253. Le point ainsi déterminé sert le lendemain

de point de départ pour la recherche du nouveau point d'arrivée, que l'on trouve encore de la même manière ; et ainsi de suite pour chaque période de 24 heures , et plus souvent si le besoin l'exige.

La solution de ce problème , qui est un des plus importans de la navigation , est ce que les marins appellent faire *le point*.

On ne saurait trop exhorter les élèves à se familiariser avec cette opération , dont on fait un usage continuel à la mer. Nous allons en donner quelques exemples, avec des détails qui en faciliteront l'exécution.

EXEMPLE Ier.

On suppose que l'on est parti d'un lieu situé par 17° 24′ de latitude Sud , et par 9° 18′ de longitude occidentale , et que l'on ait suivi au compas les routes portées dans la table ci-dessous , les vents , la dérive , la variation , le chemin , étant tels qu'on les trouve dans la même table ; on demande la latitude et la longitude du lieu de l'arrivée , la route directe qui y aurait conduit , et le chemin en droite ligne.

VENTS.	DÉRIVE.	ROUTES.		CHEMIN.	VARIATION.
Ouest.	0°	SE	3° E.	45^m	NE.
SO.	21°	O $\frac{1}{4}$ NO	3° N.	26	15°
SSE.	13°	E $\frac{1}{4}$ SE	3° S.	30	
NNO.	13°	Ouest	4° S.	16 $\frac{1}{2}$	

Pour résoudre ce problème, il faut d'abord corriger les routes au compas, de la dérive et de la variation.

La première route corrigée de la variation seulement, parce qu'elle n'a point de dérive, donne, en suivant la règle indiquée (245), pour route corrigée ou route vraie, le SE $\frac{1}{4}$ S 0° 45′ Sud.

Pour la seconde route, les vents étant au SO. et le cap au O $\frac{1}{4}$ NO., la dérive porte dans le même sens que la variation qui est NE. Toutes deux portent du côté du Nord; on doit donc les réunir et compter leur somme, qui est 36° vers le Nord. Si l'on part de l'O $\frac{1}{4}$ NO. juste, on aura donc 39° à compter vers le Nord; ces 39° équivalent à 33° 45′, plus encore 5° 15′, qui font 3 rumbs de vent, plus 5° 15′ dont il faut s'écarter de l'O $\frac{1}{4}$ NO., en se rapprochant du Nord. La route corrigée est donc le NO. 5° 15′ Nord.

La troisième route au compas est l'E $\frac{1}{4}$ SE. 3° S., les vents venant du SSE., la dérive porte dans l'Est de 13°. La variation NE. porte dans le Sud de 15°. La dérive détruit donc en partie la variation, il ne reste de cette dernière que 2° qui doivent être comptés vers le Sud. Si on les compte à partir de l'E $\frac{1}{4}$ SE 3° vers le Sud, on obtiendra l'E $\frac{1}{4}$ SE 5° Sud, pour route corrigée.

La quatrième route au compas est l'Ouest, portant 4° vers le Sud ; mais les vents étant NNO. , la dérive de 13° porte aussi dans le Sud , ce qui donne 17° à compter vers le Sud. La variation NE. de 15° prescrit de compter ces 15° vers le Nord ; la compensation faite , il reste 2 degrés seulement à compter de l'Ouest vers le Sud. La route corrigée est donc l'Ouest 2° Sud.

Les routes corrigées sont donc :

Le SE ¼ S	0° 45′ Sud.	
NO	5° 15′ Nord.	
E ¼ SE	5°	Sud.
Ouest	2°	Sud.

Disposez-les comme ci-dessous , faite la réduction de vos routes , et le reste du calcul comme il a été expliqué (143 , 144 et suiv.) pour le problème à plusieurs routes , tel qu'on le voit ci-dessous ; vous trouverez la latitude d'arrivée de 17° 51′ Sud ; la longitude d'arrivée de 8° 56′ occidentale ; la route directe le SE ¼ S 3° 45′ Sud , et le chemin de 33^m6.

	Nord.	Sud.	Est.	Ouest.
SE ¼ 0° 45′ Sud 45^m........	....	38^m.1	24^m.6	....
NO 5° 15′ N. 26...........	20^m.1	....	....	16. 5
E ¼ SE 5° Sud 30.........	....	8. 4	28. 8	....
Ouest 2° Sud 16½........	....	0. 3	....	16. 5
	20. 1	46^m.8	53^m.4	33^m
		20. 1	33.	
		26^m.7	20^m.4	

Latitude du départ Sud. 17° 24′	Longitude du départ O 9°18′
Chang. en latitude Sud. 0° 27′	Chang. en longitude Est 0° 22′
Latitude d'arrivée S..... 17° 51′	Longitude d'arrivée O... 8° 56′
Somme des latitudes... 35° 15′	Route directe SE $\frac{1}{4}$ S. 3° 45′ E.
Lat. du moyen parallèle. 17° 57′	Chemin................,..... 33ᵐ.6
milles majeurs............ 22	

EXEMPLE IIᵉ.

Etant parti de 45° 30′ de latitude Nord , et de 3° 45′ de longitude occidentale , on a fait les routes suivantes au compas , ayant les dérives portées à côté , et la variation que l'on trouve ci-contre ; on demande la latitude et la longitude du lieu de l'arrivée , la route directe et le chemin.

VENTS.	DÉRIVE.	ROUTES AU COMPAS.	CHEMIN.	VARIATION.
Est.	39°	SE $\frac{1}{4}$ S 4° Sud.	72ᵐ.	NO.
NNE.	19°	NO $\frac{1}{4}$ N 5° N.	52.5	27°
Nord.	0°	OSO 4° O.	19.5	
Nord.	14°	ENE 3° N.	62	
NO.	15°	O $\frac{1}{4}$ SO 3° Sud.	47	

Réponse.

Les routes corrigées sont :
- SSE 4° 45′ Sud.
- O $\frac{1}{4}$ NO 2° Nord.
- SO 0° 50′ Sud.
- NE $\frac{1}{4}$ E 4° 45′ Nord.
- SO $\frac{1}{4}$ S.

Chemin restant au Sud..... 69^m.9
Chemin restant à l'Ouest... 19 5
Route directe................. S $\frac{1}{4}$ SO 4° Ouest.
Chemin...................... 72^{ni}.5
  Latitude d'arrivée Nord.....   44° 19′
  Longitude d'arrivée Ouest.   4° 13′

EXEMPLE IIIe.

L'on estparti de 1° 2′ de latitude Sud , et du premier méridien , ayant fait les routes suivantes au compas, avec les dérives et la variation portées à côté. On demande la latitude et la longitude du lieu de l'arrivée.

VENTS.	DÉRIVE.	ROUTES AU COMPAS.	CHEMIN.	VARIATION.
SE.	0°	NO $\frac{1}{4}$ N 4° 45′ N.	96^m.	NE.
NE.	15°	N $\frac{1}{4}$ NO 5° O.	36.	29°
SSE.	40°	Est 3° N.	31 .5	
Est.	0°	SO 3° S.	12.	
Sud.	21°	O $\frac{1}{4}$ SO 4° S	15.	

Réponse.

Les routes corrigées sont :

{
Le Nord.
Nord   2° 15′ Ouest.
E $\frac{1}{4}$ NE   2° 45′ Nord.
OSO   3° 30′ Ouest.
NO $\frac{1}{4}$ O   1°   Nord.
}

Chemin restant au Nord........... 145^m.5
Chemin restant à l'Est............. 3. 6
Route directe Nord.................. 1° 30′ Est.
Chemin total....................... 145^m.5
  Latitude d'arrivée Nord........... 1° 23′ 30″
  Longitude d'arrivée Est............ 0° 4′

Exemple IVᵉ.

On suppose être parti de l'équateur, et de 4°
18′ de longitude orientale ; on a cinglé aux routes
suivantes du compas, le chemin, la dérive, la variation et les vents étant tels qu'on les a portés à
côté des routes ; on demande la latitude et la longitude du lieu de l'arrivée, la route directe et le
chemin.

VENTS.	DÉRIVE.	ROUTES AU COMPAS.	CHEMIN.	VARIATION.
Ouest.	0°	NNE $\quad$ 3° N.	52ᵐ.5	NO.
SSE.	13°	Est $\quad$ 5° S.	63.	7°
OSO.	6°	Sud $\quad$ 3° O.	31.	
Ouest.	27°	NO $\frac{1}{4}$ N $\quad$ 4° N.	18.	
NO.	24°	N $\frac{1}{4}$ NE $\quad$ 4° E.	14.	

Réponse.

Les routes
corrigées sont :

- N $\frac{1}{4}$ NE $\quad$ 1° 15′ Est.
- ENE $\quad$ 5° 30′ Est.
- S $\frac{1}{2}$ SE $\quad$ 1° 15′ Sud.
- N $\frac{1}{4}$ NO $\quad$ 1° 30′ Nord.
- NE $\frac{1}{4}$ N $\quad$ 1° 30′ Nord.

Chemin restant au Nord.................... 69ᵐ.9

Chemin restant à l'Est..................... 78. 9

Route directe NE...... .... 4° Est.

Chemin.................................... 104ᵐ.5

Latitude d'arrivée Nord................... 1° 8′

Longitude d'arrivée........................ 5′ 37′

FIN.

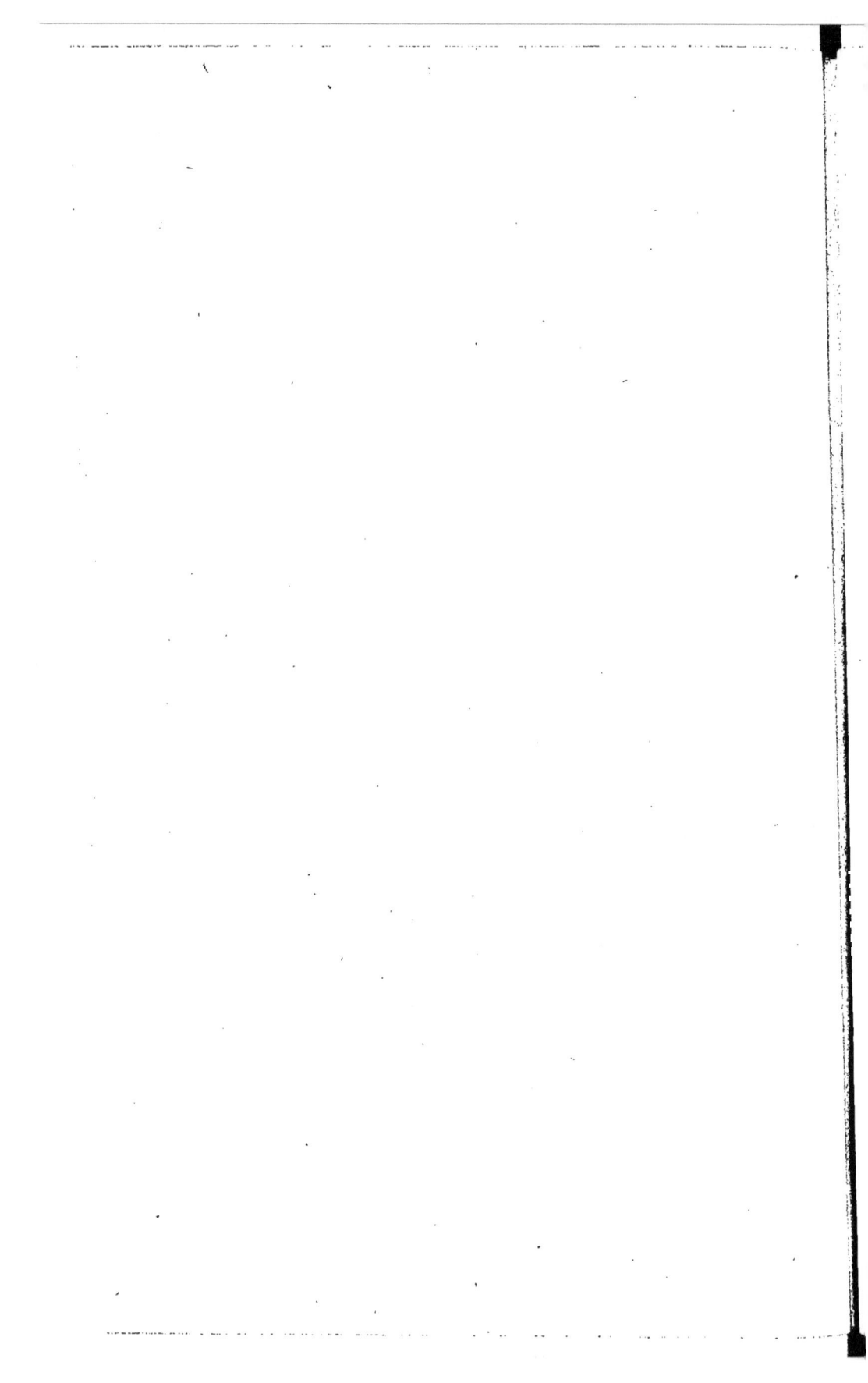

~~~~~~~~~~~~~~~~~~~~~~~~

TABLE

DES MATIÈRES

CONTENUES DANS CE VOLUME.

═══

FIN DE LA TABLE DES MATIÈRES.

TABLE

*De l'établissement des principaux **Ports**, ou de l'heure à laquelle il y est pleine mer le jour de la nouvelle et pleine lune.*

NOMS DES LIEUX.	Établisse-ment.		plus grande hauteur des Marées.
	H.	M.	Pieds.
FRANCE.			
Gascogne, Guienne, Aunis et Poitou.			
Sur toutes les côtes en général......	3	o	15
Bayonne...................	3	45	
Mémissan.................	3	15	
Dans le bassin d'Arcachon, au sud de la tour de Cordouan, à l'entrée de la Garonne ou Gironde, au nord de cette tour et à Royan....	3	45	15
Bordeaux, devant la ville........	7	o	
Le passage de Maumusson........	3	3o	
A l'embouchure de la Seudre, à Chaupus, Mazenne, Brouage, à l'entrée de la Charente et à l'île d'Oleron.................	3	45	18
A Rochefort................	4	15	
La Rochelle et Chef-de-Bois.......	3	45	
Dans les pertuis Breton et d'Antioche..................	3	3o	
L'île de Ré et Olone..........	3	15	
Isle-Dieu.................	3	o	
Beauvoir.................	3	3o	

NOMS DES LIEUX.	Etablisse-ment.		plus grande hauteur des Marées.
	H.	M.	Pieds.
Bretagne.			
Sur les côtes méridionales.	3	0	18
A l'île de Noirmoutier.	3	15	
A Bourneuf.	4	0	
A l'embouchure de la Loire.	3	45	18
Mendon.	5	0	
Paimbœuf.	5	30	
Nantes , sous la ville.	6	0	
La bonne Anse , le Croisic , la Rivière, la Vilaine et Peners	3	45	
La Roche-Bernard.	4	30	
Morbian.	3	0	
Vannes et Auray.	3	45	
Belle-Isle et Groais	3	30	
Port-Louis ou Blavet.	4	0	18
Lorient.	3	30	
Concarneau , Benaudet , Pennemarc et Audierne.	3	30	
Dans le ras de Saints ou de Fontenai.	4	0	18
Dans l'Yroise.	4	15	18
Dans la rade de Douarnenez.	3	15	20
Dans la baie de Brest.	3	30	
Dans le port de Brest.	3	45	
Dans les rades de Bertaume , de St.-Mathieu et du Conquèt.	3	0	20
Dans le passage du Four , entre Ouessant et la terre ferme.	4	0	18
A Ouessant.	3	45	20
Hors l'île d'Ouessant en mer.	4	30	
Portal.	5	0	
Abbrevetak	4	30	

NOMS DES LIEUX.	Établisse-ment.		plus grande hauteur des Marées.
	H.	M.	Pieds.
L'île de Bas , St.-Paul-de-Léon et Mor-laix , à l'embouchure de la rivière .	5	15	25
Les Sept-Isles................	5	o	3o
Port-Blanc.	4	15	
Tréguier.	5	3o	
L'île de Bréhat , la rade de la Frenaye, St.-Malo et Cancale.	6	o	45

Normandie et Picardie.

	H.	M.	Pieds.
Mont St.-Michel., Pontorson et Grand-ville..	6	3o	4o
Barneville et Carteret.	7	o	
A l'anse de Vanville.	6	3o	
Aux Casquets.	8	3o	
Aux îles d'Aurigny , de Grenesey et Jersey.	9	3o	4o
Dans le ras Blanchart et au cap de la Hague.	12	3o	
Dans l'anse Saint-Martin. . . . , . . .	6	45	
Au large de Cherbourg.	10	15	
A Cherbourg.	7	45	
A Barfleur et au large de la Hougue.	10	3o	18
A la Hougue. . . . . , . . .	8	o	
Sur les côtes , depuis la Hougue jus-qu'au cap de Caux ou Antifer, ...	9	o	18
Isigny. . . . . , . .	10	o	
Port-en Bessin. . . , ...	8	o	
Etrehan.	10	o	
La fosse de Caen.	10	3o	

NOMS DES LIEUX.	Établisse-ment.		plus grande hauteur des Marées.
	H.	M.	Pieds.
Dive et l'embouchure de la Seine . . .	9	o	
Houfleur.	9	15	
Quillebeuf.	10	3o	
Rouen.	2	.45	
Le Havre-de-Grâce.	9	o	
Le cap d'Antifer , Fécamp et Saint-Valéry-en-Caux.	10	o	18
Dieppe , le Tréport , l'entrée de la rivière de Somme.	10	3o	
A Saint-Valéry-sur-Somme , Etaples , Boulogne..	10	45	
Ambleteuse , le cap Grines.	11	o	
Dans le Pas-de-Calais.	5	45	18
A Calais.	11	45	

TABLE I.

RETARD DES MARÉES TOUJOURS A AJOUTER.

Intervalle de tems	Après la N. et Pl. L.	Après le 1er et le D. Q.	Avant le 1er et le D. Q.	Avant la N. et Pl. L.
j. h	h. '	h. '	h. '	h. '
0. 0	0. 0	5. 6	5. 6	0. 0
3	4	14	4.58	11.56
6	8	22	51	51
9	13	31	44	47
12	17	40	37	42
15	22	50	30	37
18	26	6. 0	23	33
21	31	10	16	28
1. 0	0. 36	6. 20	4. 9	11. 23
3	41	29		18
6	45	39	3. 56	13
9	49	49	50	8
12	54	58	44	3
15	58	7. 8	38	10. 58
18	1. 2	18	32	53
21	7	27	27	48
2. 0	1. 11	7. 37	3. 21	10. 43
3	15	46	16	37
6	19	56	11	32
9	24	8. 5	6	27
12	28	14	1	21
15	32	23	2. 56	15
18	37	31	50	9
21	41	39	45	3
3. 0	1. 46	8. 47	2. 40	9. 56
3	50	55	35	50
6	54	9. 2	30	44
9	59	9	25	37
12	2. 3	17	21	31
15	7	24	16	24
18	12	31	12	16
21	16	37	7	9
4. 0	21	44	3	2

TABLE II.

DES DEMI-DIAMÈTRES DU SOLEIL.

Jours du mois.	Demi-diamètre.	Jours au mois.
Janvier 1	16' 18"	25 décem.
7	16 18	19
13	16 17	13
19	16 17	7
25	16 16	1 décem.
Février 1	16' 15"	25
7	16 14	19
13	16 13	13
19	16 12	7
25	16 10	1 novem.
Mars 1	16' 1"	25
7	16 8	19
13	16 6	13
19	16 4	7
25	16 3	1 octobre
Avril 1	16' 9"	25
7	15 59	19
13	15 58	13
19	15 56	7
25	15 54	1 septem.
Mai 1	15' 53"	25
7	15 52	19
13	15 50	13
19	15 49	7
25	15 48	1 août
Juin 1	15' 47"	25
7	15 46	19
13	15 46	13
19	15 46	7
25	15 45	1 juillet

TABLE III.

INCLINAISON DE L'HORIZON.

Haut. en pieds	Incl.	Haut. en pieds	Incl.	Haut. en pieds	Incl.	Haut. en pieds	Incl.	Haut. en pieds	Incl.	Haut. en pieds	Incl.
1	1' 1"	7	2' 41"	13	3' 39"	19	4' 25"	25	5' 4"	31	5' 39"
2	1 26	8	2 52	14	3 48	20	4 32	26	5 10	32	5 44
3	1 45	9	3 2	15	3 56	21	4 39	27	5 17	33	5 50
4	2 2	10	3 12	16	4 3	22	4 45	28	5 22	34	5 55
5	2 16	11	3 22	17	4 11	23	4 52	29	5 28	35	6 1
6	2 29	12	3 31	18	4 18	24	4 58	30	5 33	36	6 5

TABLE IV.

DES RÉFRACTIONS.

Haut. appar. (D. M.)	Réfract. (M. S.)	Haut. appar. (D. M.)	Réfract. (M. S.)	Haut. appar. (D.)	Réfract. (M. S.)	Haut. appar. (D.)	Réfract. (S.)
0. 0	33. 46	7. 0	7. 25	14	3. 50	56	39
10	31. 54	10	7. 15	15	3. 34	57	38
20	30. 9	20	7. 6	16	3. 21	58	36
30	28. 32	30	6. 58	17	3. 9	59	35
40	27. 2	40	6. 50	18	2. 58	60	34
50	25. 39	50	6. 42	19	2. 48	61	32
1. 0	24. 21	8. 0	6. 34	20	2. 39	62	31
10	23. 10	10	6. 27	21	2. 31	63	30
20	22. 3	20	6. 20	22	2. 23	64	28
30	21. 2	30	6. 13	23	2. 17	65	27
40	20. 5	40	6. 6	24	2. 10	66	26
50	19. 12	50	6. 0	25	2. 4	67	25
2. 0	18. 22	9. 0	5. 54	26	1. 59	68	24
10	17. 36	10	5. 47	27	1. 54	69	22
20	16. 53	20	5. 42	28	1. 49	70	21
30	16. 13	30	5. 36	29	1. 45	71	20
40	15. 36	40	5. 30	30	1. 41	72	19
50	15. 1	50	5. 25	31	1. 37	73	18
3. 0	14. 28	10. 0	5. 20	32	1. 33	74	17
10	13. 57	10	5. 15	33	1. 30	75	16
20	13. 29	20	5. 10	34	1. 26	76	15
30	13. 1	30	5. 5	35	1. 23	77	14
40	12. 36	40	5. 0	36	1. 20	78	12
50	12. 11	50	4. 56	37	1. 17	79	11
4. 0	11. 48	11. 0	4. 52	38	1. 14	80	10
10	11. 27	10	4. 48	39	1. 12	81	9
20	11. 6	20	4. 44	40	1. 9	82	8
30	10. 47	30	4. 40	41	1. 7	83	7
40	10. 28	40	4. 36	42	1. 5	84	6
50	10. 11	50	4. 32	43	1. 2	85	5
5. 0	9. 54	12. 0	4. 28	44	1. 0	86	4
10	9. 38	10	4. 24	45	0. 58	87	3
20	9. 23	20	4. 21	46	0. 56	88	2
30	9. 9	30	4. 17	47	0. 54	89	1
40	8. 55	40	4. 14	48	0. 52	90	0
50	8. 42	50	4. 11	49	0. 51		
6. 0	8. 30	13. 0	4. 8	50	0. 49		
10	8. 18	10	4. 4	51	0. 47		
20	8. 7	20	4. 1	52	0. 45		
30	7. 56	30	3. 58	53	0. 44		
40	7. 45	40	3. 55	54	0. 42		
50	7. 35	50	3. 53	55	0. 41		

TABLE V.

DES LATITUDES CROISSANTES, OU DES LONGUEURS QU'ON DOIT DONNER AUX DIVISIONS DU MÉRIDIEN DANS LES CARTES RÉDUITES.

'	D.	Lon.	D.	Lon.	D.	Lon.	D.	Lon.	D.	Lon.	D.	Lon.	D.	Lou
0	0	0	7	421	14	848	21	1289	28	1751	35	2244	42	2782
10		10		431		859		1300		1762		2256		2795
20		20		441		869		1311		1774		2269		2809
30		30		451		879		1321		1785		2281		2822
40		40		461		890		1332		1797		2293		2836
50		50		471		900		1343		1808		2306		2849
0	1	60	8	482	15	910	22	1354	29	1819	36	2318	43	2863
10		70		492		921		1364		1831		2330		2877
20		80		502		931		1375		1842		2343		2890
30		90		512		941		1386		1854		2355		2904
40		100		522		952		1397		1865		2368		2918
50		110		532		962		1408		1877		2380		2932
0	2	120	9	542	16	973	23	1419	30	1888	37	2393	44	2946
10		130		552		983		1429		1900		2405		2960
20		140		562		993		1440		1911		2418		2974
30		150		573		1004		1451		1923		2430		2988
40		160		583		1014		1462		1935		2443		3002
50		170		593		1025		1473		1946		2456		3016
0	3	180	10	603	17	1035	24	1484	31	1958	38	2468	45	3030
10		190		613		1046		1495		1970		2481		3044
20		200		623		1056		1506		1981		2494		3058
30		210		634		1067		1517		1993		2506		3072
40		220		644		1077		1528		2005		2519		3087
50		230		654		1088		1539		2017		2532		3101
0	4	240	11	664	18	1098	25	1550	32	2028	39	2545	46	3116
10		250		674		1109		1561		2040		2558		3130
20		260		684		1119		1572		2052		2571		3144
30		270		695		1130		1583		2064		2584		3159
40		280		705		1140		1594		2076		2597		3173
50		290		715		1151		1605		2088		2610		3188
0	5	300	12	725	19	1161	26	1616	33	2099	40	2623	47	3203
10		310		735		1172		1628		2111		2636		3217
20		320		746		1183		1639		2123		2649		3232
30		330		756		1193		1650		2135		2662		3247
40		340		766		1204		1661		2147		2675		3262
50		350		776		1214		1672		2159		2688		3276
0	6	360	13	787	20	1225	27	1684	34	2171	41	2702	48	3291
10		370		797		1236		1695		2184		2715		3306
20		380		807		1246		1706		2196		2728		3321
30		390		818		1257		1717		2208		2741		3337
40		400		828		1268		1729		2220		2755		3352
50		410		838		1278		1740		2232		2768		3367

TABLE V.

DES LATITUDES CROISSANTES , OU DES LONGUEURS QU'ON DOIT DONNER AUX DIVISIONS DU MÉRIDIEN DANS LES CARTES RÉDUITES.

'	D.	Lon.	D.	Lon.	D.	Lon.	D.	Lon.	D.	Lon.	D.	Lon.	D.	Lon.
0	49	3382	56	4074	63	4905	70	5960	77	7467	84	10137		
10		3397		4092		4927		5995		7512		10234		
20		3412		4110		4949		6025		7557		10334		
30		3428		4128		4972		6055		7603		10437		
40		3448		4146		4994		6085		7650		10543		
50		3459		4164		5017		6115		7697		10652		
0	50	3474	57	4183	64	5039	71	6146	78	7745	85	10765		
10		3490		4201		5062		6177		7793		10881		
20		3506		4219		5085		6208		7842		11002		
30		3521		4238		5108		6240		7892		11127		
40		3537		4257		5132		6271		7942		11257		
50		3553		4275		5155		6303		7994		11392		
0	51	3569	58	4294	65	5179	72	6335	79	8046	86	11533		
10		3585		4313		5202		6367		8099		11679		
20		3601		4332		5226		6400		8152		11832		
30		3617		4351		5250		6433		8207		11992		
40		3633		4370		5275		6467		8262		12160		
50		3649		4389		5299		6500		8318		12334		
0	52	3655	59	4409	66	5323	73	6534	80	8375	87	12522		
10		3681		4429		5348		6569		8433		12719		
20		3698		4448		5373		6603		8492		12927		
30		3714		4468		5398		6638		8552		13149		
40		3731		4488		5423		6674		8614		13387		
50		3747		4507		5448		6710		8676		13641		
0	53	3764	60	4526	67	5474	74	6746	81	8739	88	13917		
10		3780		4547		5500		6782		8803		14216		
20		3797		4568		5526		6819		8869		14543		
30		3814		4588		5552		6856		8936		14906		
40		3831		4608		5578		6894		9004		15311		
50		3848		4629		5604		6932		9074		15770		
0	54	3825	61	4649	68	5631	75	6970	82	9145	89	16300		
10		3882		4670		5658		7009		9218		16926		
20		3890		4691		5685		7048		9292		17694		
30		3916		4712		5712		7088		9368		18682		
40		3933		4733		5739		7128		9446		20075		
50		3950		4754		5767		7169		9525		22458		
0	55	3967	62	4775	69	5794	76	7210	83	9606	90	Infini.		
10		3985		4796		5822		7251		9689				
20		4003		4818		5851		7293		9774				
30		4021		4839		5879		7336		9861				
40		4038		4861		5908		7379		9951				
50		4056		4883		5937		7423		10043				

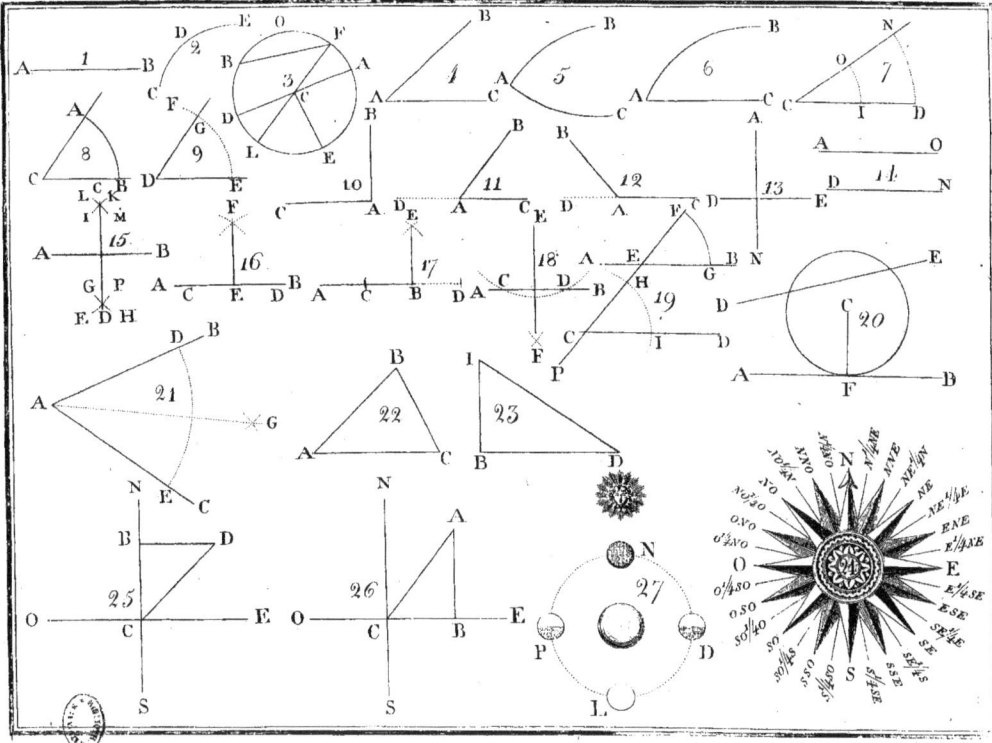
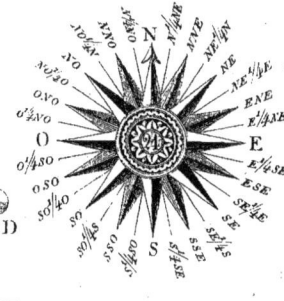